普通高等教育艺术设计类新形态教材

Stable Diffusion 艺术设计标准教程

肖 勇 侯锐淼 主编

Stable Diffusion Art Design Standard Tutorial

中国轻工业出版社

图书在版编目（CIP）数据

Stable Diffusion艺术设计标准教程 / 肖勇，侯锐淼主编. -- 北京：中国轻工业出版社，2025. 6.

ISBN 978-7-5184-5487-7

Ⅰ. TP391. 413

中国国家版本馆CIP数据核字第2025WG3019号

责任编辑：朱利利　　责任终审：高惠京　　版式设计：梧桐影

策划编辑：王　淳　朱利利　　责任校对：朱　慧　朱燕春　　责任监印：张京华

封面设计：锋尚设计

出版发行：中国轻工业出版社（北京鲁谷东街 5 号，邮编：100040）

印　　刷：天津裕同印刷有限公司

经　　销：各地新华书店

版　　次：2025年6月第1版第1次印刷

开　　本：870×1140　1/16　印张：10

字　　数：250千字

书　　号：ISBN 978-7-5184-5487-7　定价：58.00元

邮购电话：010-85119873

发行电话：010-85119832　010-85119912

网　　址：http://www.chlip.com.cn

Email: club@chlip.com.cn

250264J1X101ZBW

PREFACE

前言

人工智能技术已广泛融入日常生活的各个领域，从智能语音助手到自动驾驶汽车，其发展不断突破人类对技术的想象边界。在此背景下，Stable Diffusion作为一种依托于深度学习技术的图像生成平台，引起了广泛关注。该平台能够依据用户的文本描述，生成高分辨率、高质量的图像，并对众多行业产生了深远影响。

党的二十大报告指出："全面建设社会主义现代化国家，必须坚持中国特色社会主义文化发展道路，增强文化自信，围绕举旗帜、聚民心、育新人、兴文化、展形象建设社会主义文化强国，发展面向现代化、面向世界、面向未来的，民族的科学的大众的社会主义文化，激发全民族文化创新创造活力，增强实现中华民族伟大复兴的精神力量。"

从党的二十大精神与社会进步的角度来看，新时期艺术设计要自觉面向人工智能领域，提高设计效率，并要符合时代精神，将文化自信融入艺术设计过程中，形成高效、自信的视觉审美价值观。

本书系统性地介绍了深度学习框架下的 Stable Diffusion 图像生成技术。内容涵盖了从基本概念、高级技能到具体应用案例的全方位解读，旨在帮助读者深入理解 Stable Diffusion 模型的机制、运用及操作流程。书中首先概述了计算机视觉中图像生成技术的重要性，随后简述了 Stable Diffusion 模型的起源、演变以及在图像生成方面的运用。在此基础上，逐步讲解了神经网络、激活函数、反向传播等基础知识，这些知识是理解 Stable Diffusion 模型不可或缺的部分。同时，本书还涉及了计算机视觉的其他关键领域，如图像处理和目标检测，并对模型的优势与不足进行了对比分析，以帮助读者形成对 Stable Diffusion 模型的全面理解。

为了适应零基础读者的学习需求，本书提供了大量高级技巧介绍，如模型优化、训练加速、模型整合等，助力读者提升模型性能，实现更高品质图像的生成。最后，本书对 Stable Diffusion 模型的未来发展方向进行了预测和展望，为读者的深入研究和应用提供参考。

学习 Stable Diffusion 需要注重方式方法，强化以下方向就能事半功倍。

1. 掌握 Stable Diffusion 的学习方法，从理解其扩散模型入手。该模型由正向噪声引入和逆向噪声消除两个阶段构成，均通过神经网络实现。对于 Stable Diffusion 模型而言，逆向扩散过程在图像生成中扮演着至关重要的角色，其目标是通过神经网络估算噪声样本转化为原始图像的概率，以学习图像的内在特征。

2. 在 Stable Diffusion 模型的训练阶段，神经网络需要处理大量图像数据，并消耗大量计算资源。训练过程中，神经网络的性能通过损失函数进行评估，以实现从噪声到图像的逆向转换。

3. 实践应用是检验学习成果的重要步骤。能够运用训练好的模型生成图像，或对图像进行修改与增强，同时通过调整参数来提升图像质量。

本书经过精心编写，涵盖了 Stable Diffusion 模型的深入解读与应用指南，旨在为不同层次的读者提供一份易于理解的学术资源。无论读者是初涉该领域，还是已具备一定基础，均可在本书指导下，探究图像生成技术的精髓。读者将逐步了解 Stable Diffusion 的核心原理，掌握其应用方法，并能在具体项目中有效地发挥该模型的潜能。

肖　勇

于中央美术学院第7工作室

CONTENTS

目录

第一章
Stable Diffusion应用基础

学习难度：★☆☆☆☆

重点概念：应用基础、配置、云端部署、成像逻辑、快速生成、视觉传达

章节导读：在当前人工智能领域迅猛发展的时代，图像生成技术日益完善，不断催生出多样化的生成模型。特别是Stable Diffusion模型，由于其技术创新和技术优势，在图像合成领域独树一帜，引起了业界的广泛关注。本章剖析Stable Diffusion的核心理论框架，帮助读者理解其运作机制及其在多个应用领域的具体运用。读者不仅可以了解到如何高效地运用Stable Diffusion模型进行艺术创作，还可以构建一个基于AI的艺术创作辅助系统。此外，读者将对Stable Diffusion设计界面有更深刻的理解，这将极大地促进其在图像处理、艺术设计、游戏开发等多个领域的应用实践。从而使读者能够在短时间内，将Stable Diffusion的技术理论转化为实际操作能力，推动相关领域的技术进步和产业发展（图1-1）。

图1-1　Stable Diffusion生成二次元画风插画

图1-1：通过投入和分析大量图像，Stable Diffusion能够绘制风格各异的图像，如二次元画风插画。这张图片色彩搭配协调，明暗对比鲜明，给人强烈的视觉感受，烘托出具有故事感的氛围。

第一节　初识AI

人工智能生成内容（AIGC），简称AI，指的是利用先进的人工智能手段进行创作的技术。AI在图像生成领域的应用引人注目，其中AI绘画技术尤为突出。该技术通过构建并训练复杂的深度神经网络，对大量图像资料进行深入分析，从而赋予计算机独立创作艺术作品的能力。这一过程不仅揭示了人工智能在艺术创作领域的潜力，也拓展了传统艺术创作的边界（图1-2）。

20世纪70年代，便有先驱者开始探索计算机程序在绘画领域的应用。英国艺术家哈罗德·科恩（Harold Cohen）便是其中的佼佼者，他研发了名为AARON的程序，能够通过操纵机械臂在纸张上创作艺术作品（图1-3）。随着计算机视觉技术和深度学习的迅猛进步，尤其是自2012年起，人工智能在绘画艺术方面取得了显著的发展。在此过程中，诸多网络模型，例如生成对抗网络（GAN）等，被提出并广泛应用于绘画创作中。现阶段市场上流行的AI工具包括Stable Diffusion、Midjourney、DALL·E3以及文心一言等（图1-4～图1-7）。

第二节　Stable Diffusion基础介绍

Stable Diffusion简称SD，是一款基于潜在扩散算法的先进图像生成模型，由Stability AI、CompVis及LALON共同研发并于2022年发布。该

图1-2 写实风女性头像

图1-3 抽象人物装饰画

图1-2：人物的面部是这张图像表现的重点，五官刻画精致，逆光角度更能表达出梦幻的场景氛围，使图中人物更显唯美动人。

图1-3：哈罗德·科恩被广泛认为是这些领域的先驱。自20世纪70年代起，他开始研究如何利用计算机软件和智能工具来创作绘画图像。他创造了AARON绘图系统，并不断优化和完善该软件，致力于使用人工智能工具创作艺术作品。

图1-4 Stable Diffusion界面

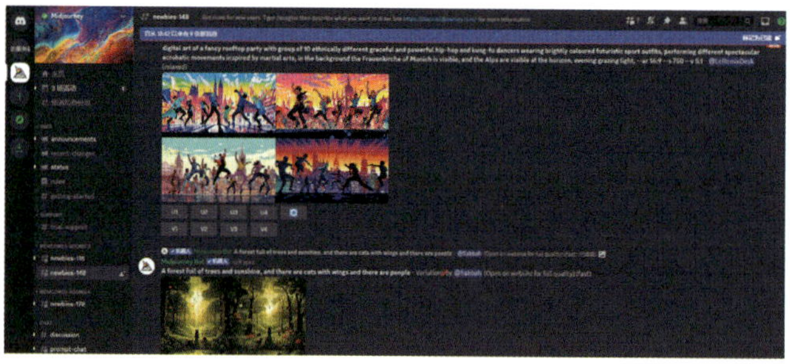

图1-5 Midjourney界面

图1-4：Stable Diffusion界面参数设置较复杂，但是功能强大，是本书详细讲解的重点软件。

图1-5：Midjourney界面设计独特，具有智能对话功能，方便用户快速上手，智能对话功能让交流更加自然、顺畅，满足用户在生活、工作中的多样化需求。

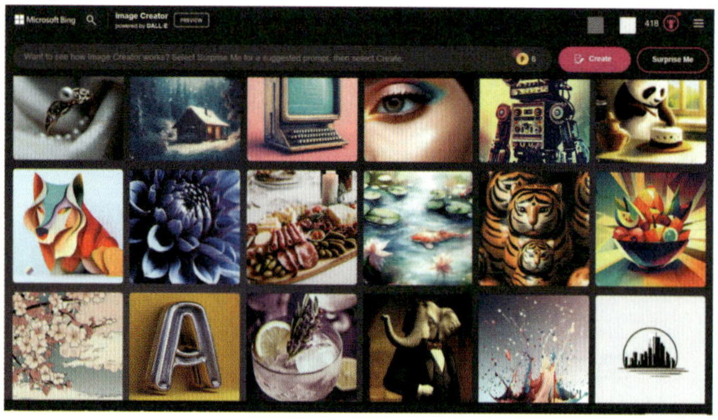

图1-6 DALL·E3界面

图1-7 文心一言界面

图1-6：在DALL·E3界面中，用户能调整色彩、形状、比例等参数，实现对艺术作品的个性化定制，生成符合用户需求的个性化艺术作品。

图1-7：文心一言界面主要为用户提供文字表达和创作体验，更多倾向于文字处理与词汇表意辨识。

模型具备在普通消费级显卡上生成稳定性高、品质优良且可控性强的图像的能力。相较于市场上现有的其他AI绘画工具，Stable Diffusion的特点在于开源且免费，其所生成的图像具备较高的控制精度，精细的细节处理能力也较强。

Stable Diffusion支持多种多样的模型和插件，且更新迭代迅速，用户可根据个人需求灵活选择。在自由度与普及度方面，Stable Diffusion表现尤为突出，为用户提供了极大的便利和创造空间（图1-8、图1-9）。

图1-8　二次元场景插画

图1-9　3d风人物插画

图1-8：画面整体以暗色调为主，前景的粉红色花朵与深色背景形成对比，背光环境体现出强烈的氛围感，可用作游戏插画。

图1-9：整幅图像聚焦于人物面部刻画和神态表现，人物头发和羽绒服的质感得到了很好的表现，对背景的模糊处理营造出景深，使人物的画面中心地位得到进一步强化。

一、计算机硬件配置要求

确保电脑配置满足Stable Diffusion的运行需求，用户需启动电脑的任务管理器，进而导航至性能分页，在此可以观察到详细的电脑硬件配置及其工作状态。

1. 显卡

在众多硬件配置中，显卡的性能尤为关键，其显存容量的大小直接关联到生成高分辨率图像的效率。与使用CPU渲染的Mac电脑或搭载AMD显卡的电脑相比，配备有8GB以上显存的独立显卡，尤其是与NVIDIA显卡相匹配的Windows操作系统，能够更加稳定且高效地输出高质量图像（图1-10）。

（a）显卡系统界面　　（b）显卡硬件

图1-10　显卡

图1-10：显存越小，生成时间会越长，如果一次生成的分辨率过高，可能出现爆显存导致的画面故障、运行卡顿，因此显存不应小于8GB。

2. CPU

中央处理器（CPU）的效能是决定Stable Diffusion运行效率的核心要素，它需要与显卡的性能相辅相成。高性能CPU的配置可以在处理多任务的同时保障AI绘图任务的顺畅执行，不受其他并行任务的影响。为此，建议选择至少Intel第13代酷睿i5或AMD第7代R7，或更先进型号的CPU（图1-11）。

3. 内存

虽然Stable Diffusion对于内存速度的要求不是特别苛刻，但其运行却依赖较大的内存容量。为了确保能够流畅地处理大型数据集和复杂的模型参数，至少应当配备16GB的内存。对于那些涉及更复杂并行操作或处理大量数据集的应用场合，建议使用32GB或更高容量的内存（图1-12）。

4. 硬盘

硬盘的选择不容忽视。鉴于Stable Diffusion的模型文件和训练数据占用的存储空间较大，用户应选择具备足够容量的SSD固态硬盘。至少需要保证有20GB以上的可用空间以满足软件的基本运行需求，而若需下载额外的模型和插件，应当预留30GB的空间（图1-13）。

（a）CPU系统界面　（b）CPU硬件

图1-11　CPU

图1-11：CPU影响Stable Diffusion 运行速度。

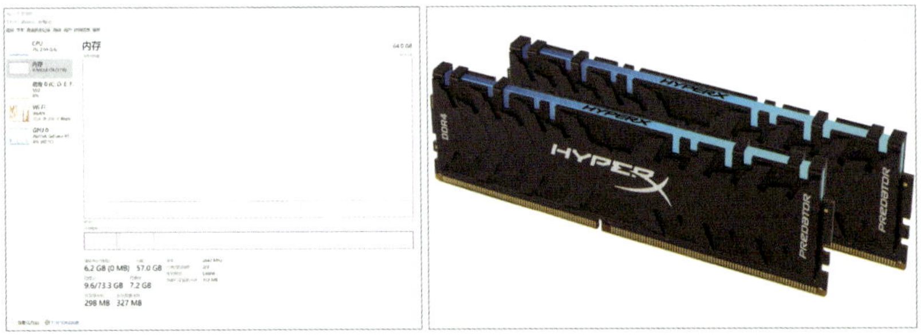

（a）内存系统界面　（b）内存硬件

图1-12　内存

图1-12：在内存比较小的情况下，可以设置虚拟内存，来维持软件的正常运行。

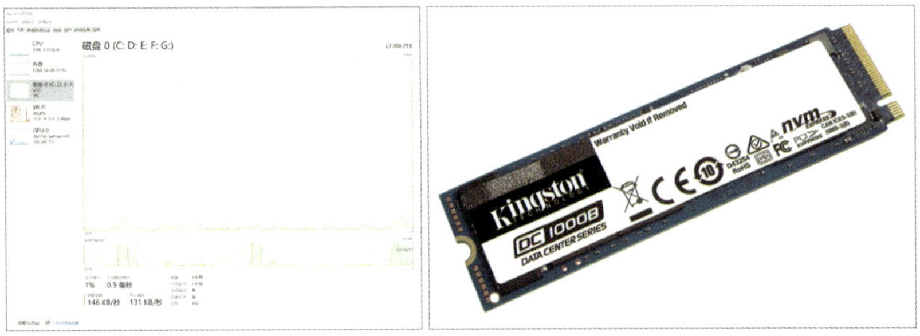

（a）硬盘系统界面　（b）硬盘硬件

图1-13　硬盘

图1-13：硬盘主要用于存放Stable Diffusion本体和各种下载模型，模型要求储存空间足够大，因此应尽量选择空间充裕的硬盘进行存放。

二、基础安装

初始安装Stable Diffusion首选官方途径，以确保软件的原始性与可靠性。本地安装涉及对Python运行环境的深入了解，若采用本地安装方式，首先需获取Python和Git软件。

网络上目前已有众多预调制的Stable Diffusion集成包，整合了所有必需的程序组件和插件，用户可以直接从国内资源站点下载。这些集成包的安装过程相对简单，只需按照提供的安装向导逐步操作即可。通过官方渠道获取软件，进而利用本地资源进行部署，虽然过程复杂，但能保障软件的纯正性。对于希望简化安装过程的用户而言，选择下载预配置的集成包是更高效的选择。

1. 安装运行依赖

将安装包下载到剩余空间较大的硬盘，解压完成之后打开文件夹，双击“启动器运行依赖-dotnet-6.0.11.exe”应用程序，弹出安装程序窗口，点击“安装”。

2. 粘贴ControlNet模型

将下载的ControlNet模型粘贴到“sd-webui-aki-v4.6.1\models\ControlNet”文件夹中，如果空间太小或没有使用ControlNet插件的需要，可以不下载该模型。

3. 启动程序

双击“sd-webui-aki-v4.6.1”文件夹中的启动器，弹出可视化页面。点击右下角的“一键启动”，出现控制台窗口，等待一段时间后即可出现Stable Diffusion操作界面，表明Stable Diffusion可正确运行（图1-14）。

三、网络资源增强配置

Stable Diffusion模型的计算资源需求显著，硬件配置不足可能会阻碍程序的正常运行。此外，环境配置与插件安装的复杂性也可能成为用户的障碍。针对这些问题，云端部署方法显得尤为实用。具体

图1-14　Stable Diffusion启动界面

图1-14：Stable Diffusion启动界面分为多个功能板块，可以在这里对程序版本、参数配置、模型插件进行调整，功能丰富，界面简洁实用。

而言，用户可以在AutoDL AI算力云平台上租赁GPU资源，以弥补硬件短缺的不足，确保Stable Diffusion模型能够高效运行。

通过这种方式，即便是在缺乏高级别硬件支持的情况下，用户仍能享受到Stable Diffusion模型带来的便利。云端服务的使用不仅简化了部署流程，也极大地降低了技术门槛，使得更多用户能够轻松接入并利用该模型进行研究和开发工作（图1-15）。

图1-15　AutoDL AI算力云平台主页

图1-15：AutoDL AI算力云平台与其他云端算力平台相比性价比较高，算力产品丰富。

（1）登录网址https://www.autodl.com。在该网站上，用户需点击“立即注册”开始注册流程，并在此过程中绑定手机号以确保账户的有效性。完成注册并登录后，用户将被引导至主页，在此页面上，费用信息栏位于右下方，用户应在此处完成充值，为后续使用做好准备。接着，为了访问和配置相关服务，用户可以在页面左侧导航栏中寻找并点击“容器实例”

选项，进而激活相关功能（图1-16）。

（2）进入容器实例列表页面后，点击“租用新实例”（图1-17）。

（3）在执行实例创建流程时，应选择“按量计费”的计算模式，以便在实例创建页面进行操作。对于仅在特定时段使用Stable Diffusion的用户而言，存在多种计费方案可供选择，以适应不同的使用需求。在地区选择方面，优先考虑邻近地区，以此降低网络延迟并提升整体性能。至于GPU的选型，应根据具体计算需求进行优化，以确保计算资源的合理分配。硬盘容量至少预留30G的扩展空间，以应对未来数据量的增长。在主机选择上，选择“372机”。在镜像的选择上，选择“社区镜像”，该选项不仅具备广泛的社区支持，还能简化配置过程，提高部署效率（图1-18）。

图1-16 准备工作

图1-16：充值完成后点击左侧板块的“容器实例”，切换到下一个界面。

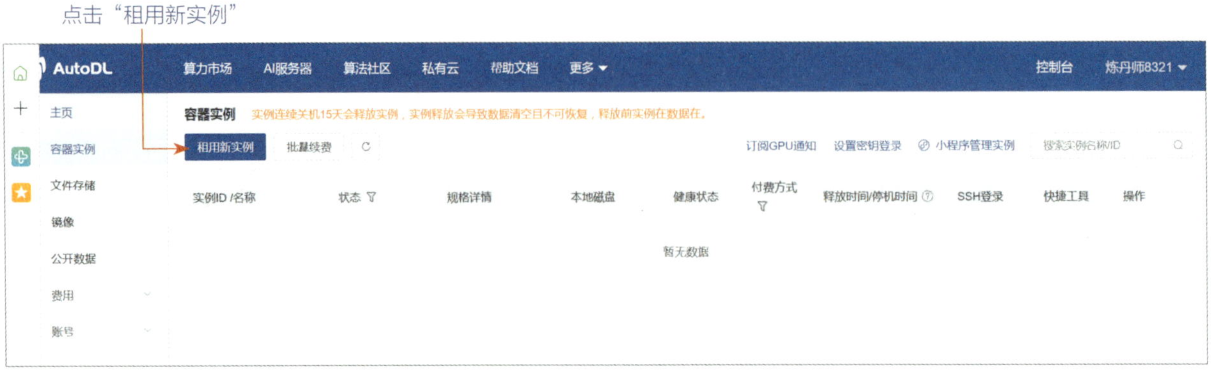

图1-17 租用新实例

图1-17：准备工作完成后，就可以进入算力市场选择需要的算力服务。

图1-18　选择实例规格

图1-18：按照计费方式、地区、主机等筛选可供租用的机器，按照需要选择对应类型，为满足下载更多模型的需要，可以选择可扩容数据盘。

（4）下滑界面，直至抵达镜像板块区域。在此区域选择“社区镜像”选项。随后在搜索框内键入“webui”这一关键词。系统将优先展示位于顶部的热门镜像，在选定合适的镜像后，双击镜像文件即可完成创建操作（图1-19）。

（5）完成实例的构建后，系统将自动导向实例

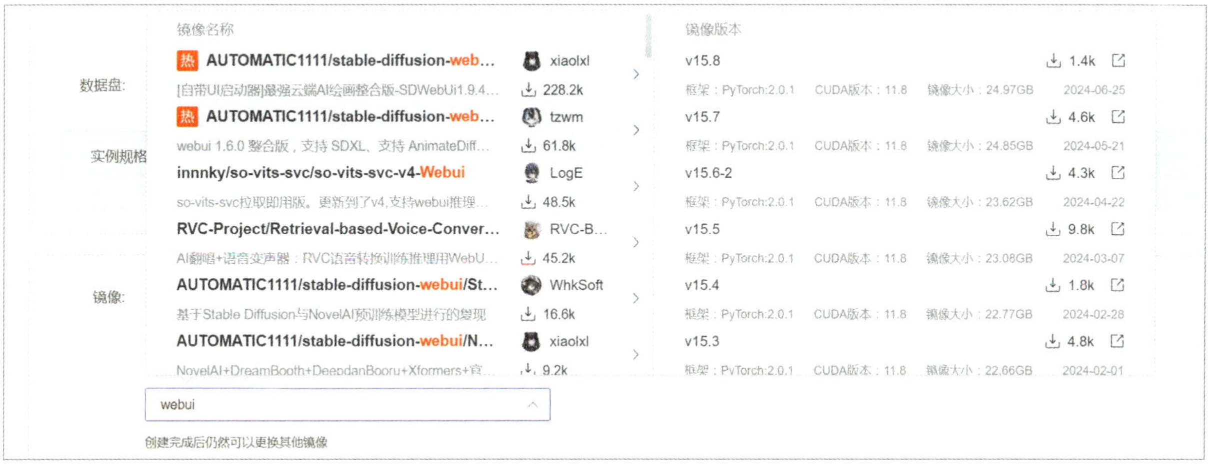

图1-19　选择镜像

图1-19：社区镜像中有许多其他用户创建好的镜像，配置不同的插件及运行方法，可根据需要进行选择。

部署界面，在此界面，用户能够观察到实例的具体配置信息。页面首次加载之际，系统会显示“创建中”的状态标识。一旦该状态转变为“运行中”，即可激活并使用“JupyterLab”这一快捷操作工具（图1-20）。

（6）此时跳转到新页面，左侧为文件区域，右侧为代码区域（图1-21）。

图1-20 创建新实例

图1-20：实例部署的页面列表会呈现实例的各项数据，可进行查看。

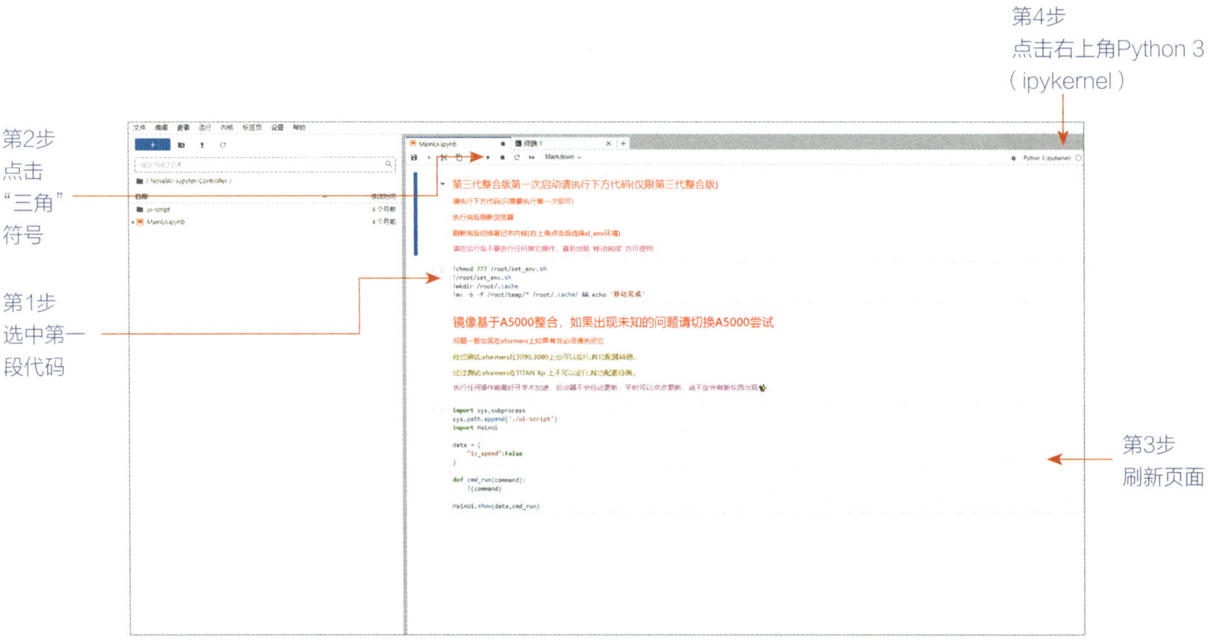

图1-21 页面操作流程

图1-21：根据页面中的提示依次点击相应按钮，进行操作。第一段代码执行完成后必须刷新浏览器，否则无法生效。

（7）通过交互界面选择特定的内核，如“xl_env”。随后，操作者需在代码编辑界面定位至第二段代码，并激活顶部的执行按钮（即“三角”符号，见图1-21），以启动代码的执行过程（图1-22）。

（8）按照既定顺序点击指定按钮，待所有按钮操作完成后，点击界面右上角的“启动WebUI”按钮。随后，系统将自动跳转至启动WebUI的标签页，在此页面上，根据具体需求对各项设置进行调整（图1-23）。

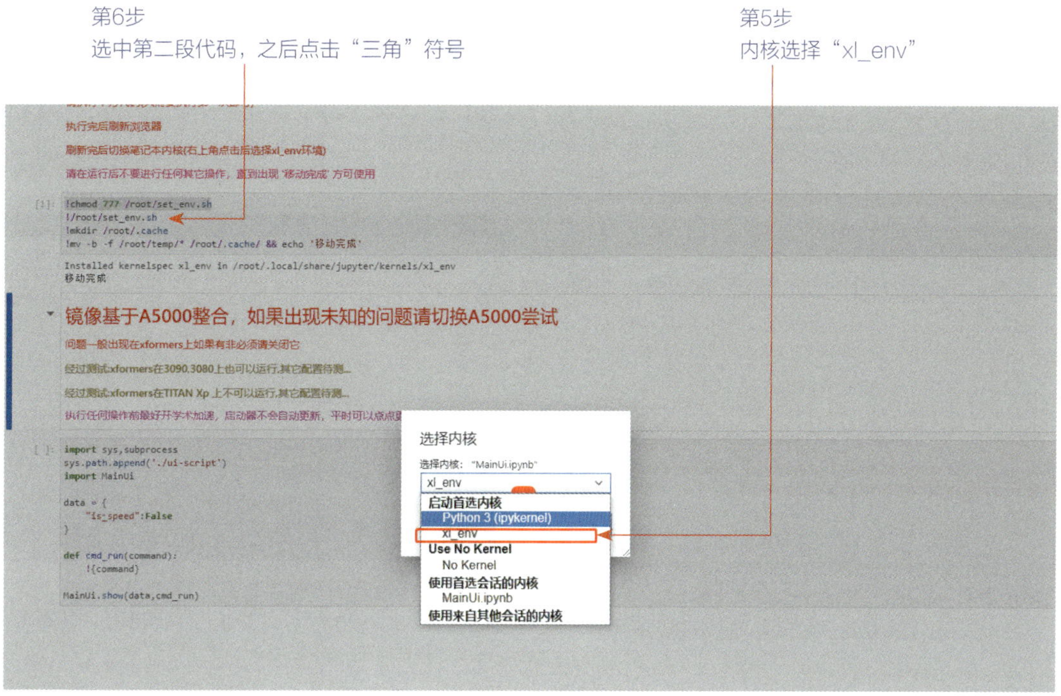

图1-22　执行第二段代码

图1-22：执行第二段代码，参考第一段代码的执行步骤进行操作。

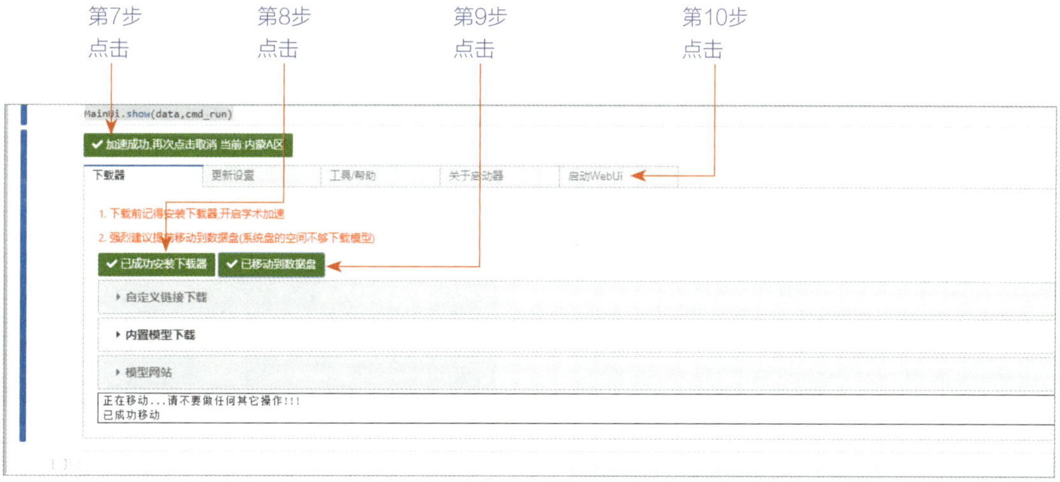

图1-23　运行WebUI

图1-23：按照顺序依次点击三个按钮，点击完成后变为绿色，此时即可正式运行WebUI。

（9）启动程序自动部署，等待运行成功。当代码中出现蓝色字体“http://127.0.0.1:6006”时，说明运行成功（图1-24）。

（10）在列表项中搜寻并选定“个性化服务”选项，随后执行点击动作。系统随即会展示一个新窗口，用户在此窗口内点击“访问”。接着，Web设计界面将自动激活，用户完成登录程序后，便能够启动使用（图1-25）。

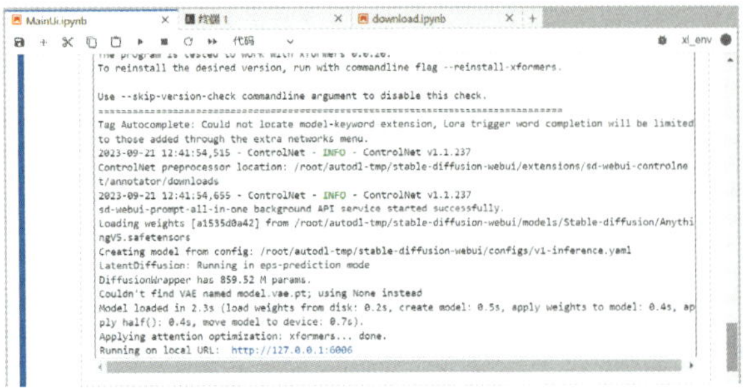

图1-24　运行成功

图1-24：运行成功后，界面底部会出现蓝色域名：http://127.0.0.1:6006，此时即可正式运行。

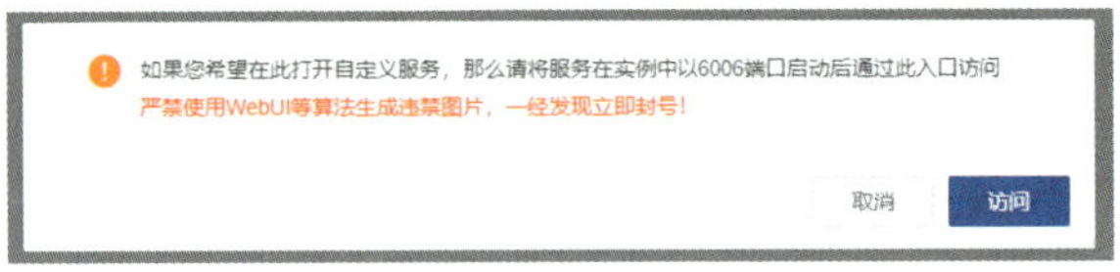

图1-25　进行访问

图1-25：完成上述步骤后进行访问，最终进入Stable Diffusion。

四、WebUI界面介绍

Stable Diffusion的用户界面设计兼具多样性与易用性。该界面搭载了众多参数配置选项，允许用户依据特定需求灵活调整图像生成的各项参数，进而创造出多样化的视觉艺术效果，以适应不同场合的应用需求。无论是专业领域从业者还是业余爱好者，均可在Stable Diffusion的界面中发现适宜的操作环境，充分利用其卓越的图像生成功能。

Stable Diffusion界面主要由模型设置区、功能导航区、提示词输入区、参数设置区、插件区、脚本区、按钮操作区和生成图查看区等区域组成（图1-26、图1-27）。

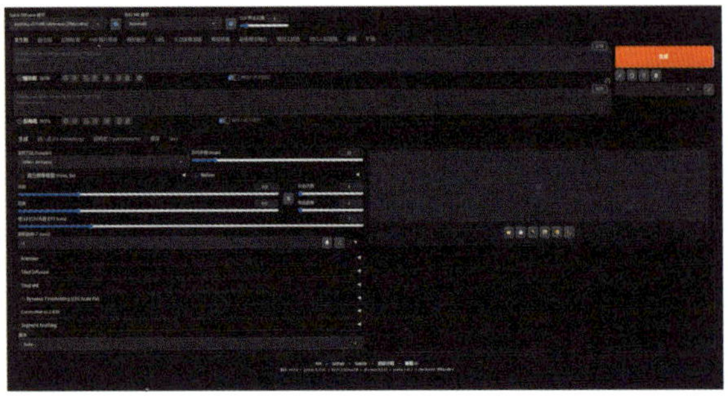

图1-26　WebUI界面

图1-26：WebUI界面包含众多功能板块，功能全面多样。

（a）模型设置区

图1-27（a）：用于选择生图所用到的模型，包括大模型、外挂VAE模型和CLIP终止层数。

（b）功能导航区

图1-27（b）：用于选择不同功能，点击标签可以跳转到不同的功能板块，包括文生图、图生图、后期处理、PNG图片信息等。

（c）提示词输入区

图1-27（c）：用于输入对生成画面的描述，包括正向提示词和反向提示词的输入区域。

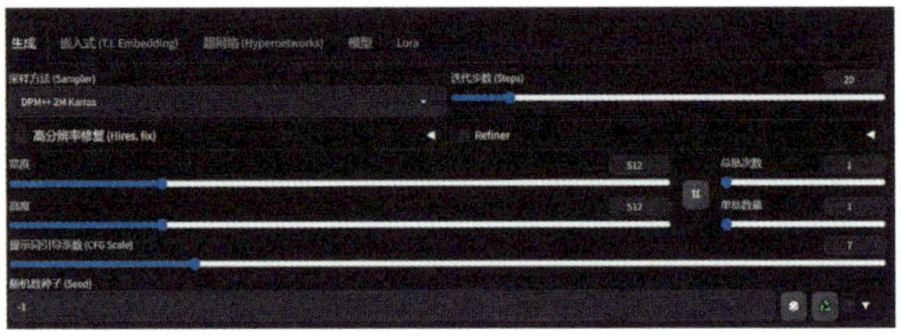

（d）参数设置区

图1-27（d）：用于对生成图片进行参数设置，并选择生成所用模型，参数包括采样方法、迭代步数、图片尺寸、总批次数、单批次数、提示词引导系数和随机数种子等。

（e）插件区

图1-27（e）：用于查看和使用插件，常用插件包括ADetailer、Tiled Diffusion、Tiled VAE、ControlNet V1.1.439等，可以通过下载来对插件进行添加。

（f）脚本区

图1-27（f）：点击下拉菜单即可查看和使用脚本，也可以用来制作参数对比图等。

（g）按钮操作区

（h）生成图查看区

图1-27（g）：服务于提示词输入区，包括提示词参数提取，清空提示词，使用预设样式和创建预设样式等功能。
图1-27（h）：用于查看图像的生成进度及生成结果。

图1-27　Stable Diffusion界面分区

五、成像原理解析

Stable Diffusion核心原理是将初始的随机噪声图像逐步演变为含有特定信息的图像，这一过程可视作图像从混沌至有序的生成轨迹。相较于其他扩散模型，Stable Diffusion算法展现出更为显著的稳定特性与操作可控性。该技术的成像机制主要依赖于首先构建随机噪声图案，随后通过一系列扩散与降噪步骤，最终形成清晰可见的像素结构。

下面通过具体示例，详细阐述这一成像流程，并对内嵌的成像原理进行深入解析。

1. CLIP编码器

输入的提示文本首先要经过CLIP编码器的转换。该编码器负责将文本信息转换为Stable Diffusion模型能够解读的数据格式。经过复杂的多层处理，这些数据被送入潜空间，进而生成具有随机噪声的图像。

在图像生成界面的设置中，CLIP的终止层数被设定为12层，这一参数决定了提示词的处理次数。具体而言，提示词从第1层至第12层，总共经过12次处理。若“终止层数”设定为1，则意味着处理将进行12次后才停止；反之，若设定为12，则处理仅进行1次便终止。

通过调整“终止层数”，可以精确控制提示词对生成图像效果的作用程度。较高的“终止层数”会导致提示词的处理变得更为模糊，从而生成的图像与原提示词的含义产生较大偏差；而较低的“终止层数”则使得图像更贴近提示词的原始意义，呈现更为具体的效果。以关键词组“a girl, blue eyes, red dress, in the fields”为例，通过改变CLIP的终止层数，可以生成12种各具特色的图像效果，从而展现出模型在不同参数设置下的图像生成能力（图1-28）。

（a）CLIP终止层数（1~6）

图1-28　CLIP终止层数变化

图1-28（a）：CLIP终止层数数值1~6发生的变化。第1张生成图保留了非常明显的提示词特征，只是画面效果欠佳，在此之后，连衣裙逐渐演变成为吊带裙。

（b）CLIP终止层数（7～12）

图1-28（b）：CLIP终止层数数值7～12发生的变化。CLIP终止层数超过6之后，裙子颜色由红变蓝，背景也逐步发生变化，从田野变成花园，最终变为街道，脱离提示词的限制自由发挥。

2. 迭代步数

Stable Diffusion模型首先生成了一系列具有随机性质的噪声图像。这些图像需通过特定的采样器进行降噪，以实现从初始的模糊噪声向清晰图像的逐步转变，最终在潜空间中显现出明确的视觉形态。该降噪过程所涉及的迭代步数，其范围介于0～150之间。

较高的迭代步数值意味着图像将经历更频繁的降噪处理，从而使得图像细节更为精细，视觉效果更加鲜明、具体。反之，若迭代步数值设定较低，则图像的降噪处理将相对减少，导致图像细节趋于模糊，画面更接近初始的噪声状态（图1-29）。

（a）迭代步数数值（1～5）

图1-29　迭代步数变化

图1-29（a）：迭代步数的数值1～5发生的变化。第1张生成图模糊不清，只有几团模糊的色块。经过不断的去噪，迭代步数到达第5步时人物姿态大体固定。

（b）迭代步数数值（6～10）

图1-29（b）：迭代步数的数值6～10发生的变化。画面效果变化较为明显，人物五官、身体中扭曲、潦草的部分被逐步修正，细节逐渐增多，人物的动作、外貌与画面的整体色调已基本得到确定。

当迭代步数超出特定阈值后，图像质量的提升将趋于平稳，细微调整仅在细节层面发生。此外，采样机制及模型架构在降噪环节中的作用亦不容忽视，其对最终降噪效果的贡献显著。

3. VAE解码器

在图像生成领域，潜空间图像经过VAE解码器的处理，得以转化为可视化的像素图像。VAE解码器承担着将潜空间生成的图像进行解码的任务，从而在现实世界中呈现出来。在Stable Diffusion这一工具中，所集成的外挂VAE模型，其核心功能在于对解码过程中的图像进行优化调整。这种调整包括对图像细节的精细化修饰，以及对整体色调的增强，使其更加鲜亮，类似于图像处理中的滤镜效果。

尽管外挂VAE模型在Stable Diffusion中的作用不亚于其他功能，但其对图像内容的实际调整能力相对有限。换言之，它无法实现图像内容根本性的改变，相较于其他更为强大的图像处理工具，其影响力尚显不足（图1-30）。

图1-30　外挂VAE模型的添加

图1-30：添加VAE模型之前的画面偏灰、偏暗淡，添加之后的色彩效果更加鲜亮丰富，整体饱和度提升了一个层次，明亮温馨，大大增强了画面效果。

第三节　艺术设计应用

Stable Diffusion基于海量的图像数据进行训练，进而习得多种艺术风格。无论是具象的描绘，非具象的构图，还是超现实主义的创作，该模型均能轻松应对。与传统绘画艺术相比，Stable Diffusion模型的显著特点在于高效、低成本和便捷性。艺术家与设计师得以借助此技术，更加迅速地实现创意构思，提升创作效率。

一、视觉传达设计应用

在视觉传达设计领域，创新性作品的设计理念显得尤为关键。在创作的实际过程中，用户常常面临灵感缺失和创意短缺的困境。鉴于此，高效的设计辅助工具显得尤为重要。Stable Diffusion能基于用户的输入指令生成别具一格的图像，为用户提供持续不断的创意源泉。该工具生成的图像视觉效果多样且丰富，足以满足小说封面设计、海报制作等多种应用需求（图1-31、图1-32）。

（a）生成原图

（b）排版设计

图1-31 饮品海报生成图（彭一帆）

图1-31（a）：使用二次元画风大模型生成场景图片，营造出多色饮品原图，对不同水果色彩进行了诠释。

图1-31（b）：将生成的图片插入招贴模板中，搭配各种文字信息与图形元素，即可轻松转变为一组海报招贴。

（a）生成原图

（b）排版设计

图1-32　时节公益海报生成图（彭一帆）

图1-32（a）：根据一年中主要时节风景生成图片，形成4种不同的色调，展现出时节的差异化与大自然的壮丽景象，适用于广告招贴。

图1-32（b）：将生成的图片作为主要招贴底图，在图片中央上部开阔部位输入文字信息，即可成为一组海报招贴。

二、数字媒体设计应用

在数字媒体设计的范畴内，涉及网络媒体、影视作品制作以及电子游戏等多个子领域的艺术创作与实施。Stable Diffusion作为一种高效的图像生成工具，能够在较短的时间内生成具有复杂视觉效果的图像。此模型具备多样化的图像风格生成能力，涵盖了从日式动漫风格，到韩式唯美风格，再到欧美写实主义风格等。

用户可根据个人喜好选择不同的风格预设，进而生成满足个性化需求的图像。当用户对生成的图像细节持有个性化需求时，该软件提供了灵活的调整工具，使用户可以在软件内置环境中进行细致的图像微调。这一功能极大地推动了创作流程的个性化与定制化水平，使得用户能够更好地实现个性化的创意构想（图1-33）。

（a）二次元人物生成图

（b）游戏场景生成图

图1-33　数字媒体生成图

图1-33（a）：人物图片细节丰富，光影效果突出。发丝、饰品刻画十分细致，真实感和细腻度很高。

图1-33（b）：在短时间内得到效果惊艳的游戏场景效果图，为创作者提供了无限的创意空间。无论是独特的角色设定，还是奇妙的故事情节，都可以通过Stable Diffusion模型将其变为现实。

三、服装设计应用

通过Stable Diffusion，服装设计过程能得以简化。用户仅需输入特定描述性语言，即可自动生成符合需求的设计草图。这种方法有效降低了设计时间成本，同时显著提升了设计工作的整体效率。此外，Stable Diffusion技术在多风格融合方面具备显著优势。相较于传统设计，用户在尝试不同风格时，往往受限于个人专长，难以实现风格的有机融合。然而，Stable Diffusion技术能够轻易克服这一难题，实现不同设计风格的和谐融合（图1-34）。

（a）学生装生成图

（b）牛仔短裤生成图

（c）短裙生成图

图1-34 服装设计生成图

图1-34（a）：输入相关提示词生成身着白色衬衫、黑色短裙的人物造型，能够让用户快速预览到设计产品试穿效果，从而对作品建立更直观深入的认识。

图1-34（b）：设置不同打光角度，如侧方来光，让服装质感得以强化和突出。

图1-34（c）：变更提示词即可更换人物服装，让图像呈现出更为丰富的视觉效果，整体效果十分真实。

四、建筑环境设计应用

在开展建筑及环境设计之初，用户必须投入大量精力以搜集和整合各类设计创意及相关参考文献。借助Stable Diffusion模型，用户得以高效地生成具有多样化风格与主题的视觉图像，为设计过程提供丰富的灵感来源。同时能加速用户对多种设计方案的评估与选择，从而提高设计工作的整体效率。此外，该模型可根据用户特定的设计需求，灵活生成不同视角和维度的图像，以应对多样化的展示场景需求（图1-35）。

（a）公共空间效果图

（b）室内设计效果图

（c）环境设计效果图

图1-35 建筑与环境设计生成图

图1-35（a）：生成公共空间效果图，铺材质感表现真实，明暗对比突出，呈现出较强的视觉效果。
图1-35（b）：生成室内设计效果图，家具质感细腻，室内环境优美，帮助用户快速为客户呈现出装修方案效果图。
图1-35（c）：生成环境设计效果图，光照效果逼真，模拟出真实的别墅庭院效果。

本章小结：

本章介绍了Stable Diffusion的基础知识，在人工智能领域中，Stable Diffusion是一种深度学习驱动的图像生成算法。该模型因其突破性的特点和原创性，在图像生成技术中独树一帜，引起了艺术设计界的极大关注。通过对Stable Diffusion模型的基本定义、核心原理以及实际应用场景的详尽解读，本章力图助力读者对该模型的理解。随着AI技术的不断革新，Stable Diffusion在艺术设计图像生成技术中扮演着更加关键的角色。

●课后练习

1. 何为人工智能（AI）？人工智能的核心技术究竟包含哪些要素？
2. Stable Diffusion具备哪些显著特色？
3. Stable Diffusion的高效运行对计算机硬件提出了哪些具体要求？
4. 解析Stable Diffusion的界面构成，其界面主要由哪些部分巧妙组合而成？
5. 指出Stable Diffusion成像背后的逻辑，其成像原理是怎样的？
6. 如何在个人计算机上成功安装Stable Diffusion，并根据实际需求，登录云端平台进行灵活部署。
7. 结合所学专业领域，挑选合适的大模型，以中国传统元素为核心，运用Stable Diffusion生成3～5张精美图像。

第二章

文生图

学习难度：★★★☆☆

重点概念：文生图、迭代步数、采样方法、提示词、随机数种子、效果图

章节导读：Stable Diffusion的文生图功能是其核心应用之一。该功能可以调整大型模型及相应参数，能够依据用户输入的提示性文本迅速生成多样化风格的图像，涵盖写实、卡通、抽象等多种风格。这一特性不仅有效地冲破了传统绘画的限制，而且也为艺术创作提供了丰富的参考资源，极大地激发了用户的创作灵感，进而显著提升了创作效率。通过本章，读者可以熟练掌握文生图功能的基本操作和高级应用技巧。

图2-1：文生图是Stable Diffusion的基础功能，可以控制画面中出现的关键元素，应用率极高。通过书写提示词和调整参数，指定场景氛围和人物造型得到精美的二次元画风人物插画，低成本得到符合理想效果的图像。

图2-1　文生图生成二次元画风人物插画

第一节　文生图基础原理

在文生图界面的操作过程中，参数的选择与设定扮演着核心角色。例如，迭代次数、采样方式、面部细节的修复以及高分辨率图像修复的尺寸等要素，均对图像生成效果产生直接作用。生成图像的批次与提示词的引导系数重同样重要。通过解读和应用这些基本参数，用户能够实现对图像生成的精确控制。在实践操作中，对参数的持续优化与调整成为提升图像质量与效果的关键手段。针对不同的图像生成风格和应用场合，基本参数的适当变更与调整不可或缺，以确保最终生成的图像既符合审美标准，又满足实际应用需求。

一、文生图概念

在文生图领域中，图像的生成依赖于输入文本的精细度，其核心功能是将文本内容视觉化。Stable Diffusion算法凭借其高效的图像生成能力，能够将复杂的文本指导转化为具体的视觉图像。通过调整多样化的参数和设置，用户可以自主定义图像的风格、色系以及各个细节元素，进而实时查看并修改文本描述，确保最终输出的图像符合用户的期望。这种定制化过程，使得图像生成更加灵活高效（图2-2）。

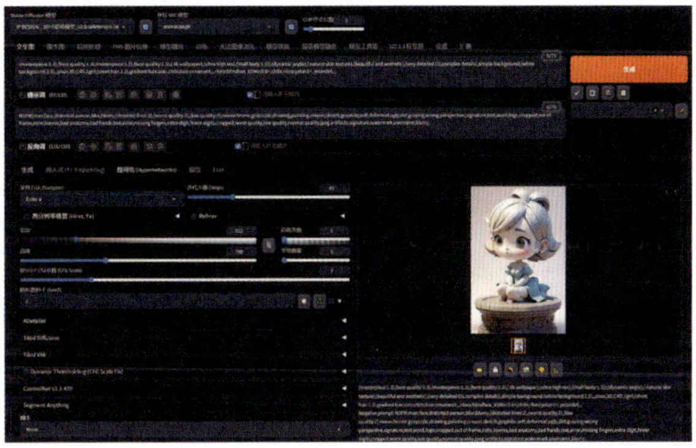

图2-2　文生图基本参数

图2-2：使用提示词和其他参数生成Q版模型图片，提供设计灵感，方便快捷。

二、迭代步数

迭代步数（Steps）的定义在第一章中有进行过相关介绍，原理是对图片逐步去噪，每一次去噪都是在上一步的基础上进行的。

迭代步数的增加往往与去噪过程的深化相伴随，从而使得生成的图像具备更高的分辨率和细节表现。然而，在实际操作过程中，若迭代步数过多，则可能导致单个图像的生成周期显著延长，而图像质量提升并不与之成正比，进而显著降低生成效率。相对而言，降低迭代步数虽能加快生成速度，但若低于临界值，则可能导致图像细节的缺失，甚至产生错误的视觉效果。当迭代步数达到20时，图像的基本内容已基本形成，后续的迭代步骤主要针对细节进行微调。因此，在生成图像时，将采样迭代步数控制在20～30的范围内，便足以生成具有高精细度的写实人物或宏大场景。对于特别复杂的图像，如需更精细的细节，迭代步数可适当增加至40以内（图2-3、图2-4）。

图2-3　迭代步数

图2-3：迭代步数的取值范围在0～150之间，通过对其进行设置，可以有效控制图片的精细程度。

图2-4　不同迭代步数生图效果

图2-4：当迭代步数设定为20时，所得图像呈现出较为显著的视觉效果；而迭代步数增至40，则可以对光照效果以及部分结构细节进行有效的调整。进一步地，在迭代步数达到60时，图像变化趋于平缓，主要体现在前景金色羽毛的移除以及对人物衣物的衣领和领带进行了重新绘制。

三、采样方法

采样方法（Sampler）是指图像在去噪过程中所使用的算法，使用不同算法对随机生成的噪声图进行降噪，最终形成清晰图像，选择采样算法时要注意与图像风格和使用模型相适应，来达到更佳的出图效果。

Stable Diffusion平台所集成的采样算法种类繁多，数量达到30种以上。尽管算法种类丰富，但实际应用中，常用算法的数量并不多。在去噪过程中，对算法的选取应基于图像特征和模型要求，以确保获得最佳的图像重建效果（图2-5）。

图2-5　采样方法

图2-5：点击采样方法复选框，选择适合的采样方法。

1. 早期采样器

早期采样器主要包括DDIM、PLMS、Heun、Euler a、Euler、LMS和LMS Karras（图2-6）。

●DDIM。最初被广泛采用的算法，现已被认为是较早期的技术，其在生成过程中的应用已趋于淘汰，故在生成阶段可不予考虑。

●PLMS。早期技术的一种，在生成过程中的实用性不高，可视为不再适用。

●Heun。其运算速度相对较慢，这可能影响其在高效率要求场景下的应用。

●Euler a。每一步都引入随机噪声，导致算法不收敛，使得图像质量随着采样步数的增加而波动，从而影响最终效果。

●Euler。在去噪过程中不会引入额外的随机噪声，其画面效果随采样步数的增加而趋于稳定，显示出其稳定性。

●LMS和LMS Karras。均采用线性多步法，这类方法易导致色块现象的出现，从而使得画面稳定性不如Euler类算法，这在视觉效果上是不利的。

应用早期采样器时，倾向于采纳Euler a以及Euler，在图像生成过程中效率较高，能够迅速完成图形绘制。通过这种方法获得的图像效果，往往呈

图2-6　早期采样器生图效果（迭代步数20）

图2-6：通过观察可以发现，DDIM的质感和光照表现略逊一筹，Heun的生成时间较长，PLMS和LMS出现色彩混乱问题，LMS Karras画面绚丽，但稳定性不够强。当使用Euler a和Euler的采样方法时，画面干净自然，而且使用较少步数就能实现较理想效果。

现出一种简洁且清新的视觉体验，特别适合用于创作二次元风格图像。

2. DPM系列

（1）DPM类。DPM的一代算法，生成效果并不理想，故不常使用。

- DPM fast。生成效果较差，多被排除使用。
- DPM adaptive。生成时间较长，酌情使用（图2-7）。

（2）DPM2类。DPM的二代算法，相比一代DPM生成图片质量更好，但渲染时间会延长，不常用。类型包括DPM2、DPM2 a、DPM2 Karras和DPM2 a Karras（图2-8）。

（3）DPM++类。生成时间不如DPM++Karras类快捷有效，不常用（图2-9）。DPM++类型包括DPM++ 2S a、DPM++ 2M、DPM++ SDE、DPM++ 2M SDE、DPM++ 2M SDE Exponential、DPM++ 2M SDE Heun、DPM++ 2M SDE Heun Exponential、DPM++ 3M SDE和DPM++ 3M SDE Exponential。

图2-7　DPM类采样器生图效果（迭代步数20）

图2-7：DPM fast生成的画面直接损坏，DPM adaptive画面质感较好，结构富有逻辑，但生成时间过长，因此这种采样器并不常用。

图2-8　DPM2类采样器生图效果（迭代步数20）

图2-8：DPM2和DPM2 Karras的生成时间较长，DPM2 a和DPM2 a Karras则因为采样器的不可收敛，导致最终的画面效果和其他图片相比有一些偏差。

图2-9　DPM++类采样器生图效果（迭代步数20）

图2-9：DPM++ 2S a和DPM++ SDE的画面效果较好，此外的多张生成图人物面部均存在一定的瑕疵或损坏，说明这类采样方法需要更多的采样步数才能形成较好的画面效果。

（4）DPM++Karras类。相比DPM++类算法，这类采样器在迭代步数超过8之后，噪点逐渐减少，能用更少的采样步数绘制清晰图像。

1）2M类采样器。采用二阶多步算法，增加了相邻层之间的信息传递，因此速度较快（图2-10）。

●DPM++ 2M Karras。速度快，质量较好，推荐使用。

●DPM++ SDE Karras。速度较慢，质量好，适合渲染高画质写实类图片，推荐使用。

●DPM++ 2M SDE Karras。性能是DPM++ 2M Karras和DPM++ SDE Karras的折中。

●DPM++ 2M SDE Exponential。相比DPM++ 2M SDE Karras细节略少。

在该类型采样器中，推荐使用DPM++ 2M Karras和DPM++ SDE Karras的采样方法，DPM++ 2M Karras性能和速度都十分优异，能适应各种画风，DPM++ SDE Karras则更适配生成写实图片。

2）其他采样器。

●DPM++ 2M SDE Heun Karras。Heun是Euler的改进算法，质量更好但速度慢，不常使用。

●DPM++ 2S a Karras。采用二阶单步算法，因此速度比 DPM2 更快，但效果不如2M采样器。

●DPM++ 3M SDE Karras：生成速度与2M类采样器一致，但需要更多的迭代步数和略少的提示词引导系数才能出现良好效果（图2-11）。

图2-10　2M类采样器生图效果（迭代步数20）

图2-10：2M采样器生成图片的质量和速度均衡，是使用频率较高的采样器类型，其中，DPM++ 2M Karras效果优良，DPM++ SDE Karras对五官的刻画则更为细腻。

图2-11　其他采样器生图效果（迭代步数20）

图2-11：DPM++ 2M SDE Heun Karras和DPM++ 2S a Karras的生成效果较好，由于迭代步数没有达到标准，导致DPM++ 3M SDE Karras生成的图像未完全去噪，进而出现损坏。

3. 近期采样器

近期采样器包括“UniPC”和“Restart”。

●UniPC：生成速度快，迭代步数10左右即可生成较好的效果。

●Restart：1.6版本新增采样器，相比UniPC能够使用更少的采样步数生成图像（图2-12）。

图2-12 近期采样器生成效果（迭代步数20）

图2-12：UniPC生成图的色彩饱和度更高，Restart则更为清爽，视个人需要选择。

四、高分辨率修复

高分辨率修复（Hires.fix）被广泛应用于图像的尺寸扩展。在Stable Diffusion模型中，图像的生成往往始于低分辨率设置，此举旨在缩短图像效果预览时间。此外，由于训练数据集中的图像分辨率普遍处于中等水平，过高的生成尺寸往往会导致图像质量受损。因此，在512～768像素的范围内设定图像分辨率，可以降低不和谐画面出现的风险。

在追求高分辨率图像时，一种普遍的方法是先制作低分辨率的小型图像，通过评估其视觉效果，再对相关参数进行调整并启用高清修复功能，以便对图像进行放大处理（图2-13）。

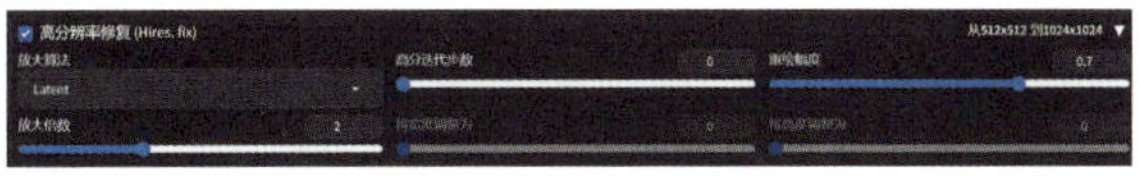

图2-13 高分辨率修复

图2-13：高分辨率修复界面包含诸多参数，便于对小图进行放大。

高分辨率修复操作栏中的参数包含：放大算法、高分迭代步数、重绘幅度、放大倍数、图片的宽/高调整。

●放大算法。指图像放大的具体技术，其中ESRGAN系列的R-ESRGAN 4x⁺ 与4x-UltraSharp尤为常用。R-ESRGAN 4x⁺ 主要适用于放大真实风格的图片，而R-ESRGAN 4x⁺ Anime6B则专为设计二次元或卡通风格的图像。值得注意的是，4x-UltraSharp算法因其卓越的细腻度和逼真性，能够实现照片级别的放大效果（图2-14）。

图2-14 不同放大算法生成效果

图2-14：R-ESRGAN 4x⁺ Anime6B的生成效果比较清新，R-ESRGAN 4x⁺对皮肤质感的表现较佳，4x-UltraSharp放大细节更多、更丰富。

●高分迭代步数。这是指在高分辨率修复过程中，修复功能在图像生成过程中的介入时机。例如，若将迭代步数设定为20，并在启用高分辨率修复的同时，将高分迭代步数设置为5，这意味着在前5步中生成低分辨率的小图，而在后续的15步中，逐步对这幅小图进行放大并细化细节，最终形成一幅细节丰富的高分辨率图像。

●重绘幅度。描述了在进行高分辨率修复时对原图的修改程度。重绘幅度的数值越高，图像的改动越显著，反之，则更接近原始图像。为了在保留原图基本信息的同时增加细节，可以将重绘幅度控制在0.3~0.5内。

●放大倍数。指将原始图像放大的比例。

●图片的宽/高调整。指图像调整后的具体尺寸，即原始图像调整后的宽度和高度数值。

五、宽度与高度

在创作图像的过程中，尺寸的设定至关重要，其中宽度和高度是决定生成图片尺寸的关键参数。通过精心调整图像的高／宽数值，可以在保持图像分辨率恒定的基础上，大幅提升图像所能承载的信息量，使得图像的细节展现得更为细致，宛如细腻的笔触在画布上流转。

若将图像的尺寸适度放大，其内涵的丰富度便能得到显著增强，细节之处更显清晰，仿佛在细腻的纹理间游走，感受每一个细微之处的变化。尤其在展现真实人像或复杂纹理元素时，较大的图像尺寸能够避免内容的简化和粗糙，让人像的轮廓更加鲜明，纹理的层次更加丰富。然而，若图像尺寸被过度缩减，其内容往往会显得较为粗略和模糊，细节的缺失使得图像失去了原本的生动和立体感。特别是在描绘真实人像和复杂纹理时，过小的尺寸往往会使画面显得草率和潦草，缺乏精细的打磨。

此外，当图片的宽高比例相差悬殊时，图像生成模型可能会将图像误解为多张拼接而成的作品。Stable Diffusion试图将多个场景或人物强行压缩至同一画幅中，很容易产生人物或肢体拼接的视觉错误，使整体画面显得不协调（图2-15）。

图2-15 宽度/高度

图2-15：对于宽/高尺寸，可以用选中输入的方式直接修改框内数值，也可拖拽滑动条进行修改，点击右侧按钮，可以将宽度和高度的值进行置换。

六、总批次数与单批数量

总批次数与单批数量如同设计师的双手，巧妙地编织出一幅幅高效与创意交织的数字画卷。总批次数，就好比设计师连续泼墨，每一次挥洒都是对完美的追求；而单批数量，则是设计师在每一次泼墨时洒下的墨点数目，它决定了作品的宽度与丰富度。

设计师往往需要在不断的尝试与调整中，捕捉到那份独特的灵感，灵活调整总批次数与单批数量。总批次数体现了一种逐级递进的线性生成方式。例如，将总批次数设定为3，便如同设计师依次描绘3幅画作，一幅接一幅，循序渐进。而单批数量则展现了设计师一次性描绘多幅作品的能力，若将其设定为3，就如同将3幅画作融合为1，一次性呈现。

随着单批数量的提升，Stable Diffusion需要同时处理更多的图像信息，这对显卡性能提出了更高的要求。因此，为了在效率与效果之间取得完美的平衡，每次生成一张图像，既能确保每幅作品的质量，又能通过增加批次数来加快整体生成速度，实现图像生成艺术高效与完美的统一（图2-16）。

七、提示词引导系数

提示词引导系数（CFG Scale）功能在于量化文本提示对生成图像结果的影响，并调整图像生成与文本提示间的匹配程度。该系数的核心目的在于确保文本与生成图像之间的契合度（图2-17）。

（a）总批次数与单批数量　　（b）生成效果

图2-16　功能界面与生成图片

图2-16（a）：对于总批次数与单批数量的值，可以用选中输入的方式直接修改框内数值，也可拖拽滑动条进行修改。
图2-16（b）：总批次数数值调为4生成的图片，左侧第1幅是4张图片汇总而成的预览图，其后是4张独立图片。

图2-17　提示词引导系数

图2-17：对于提示词引导系数，可以用选中输入的方式直接修改框内数值，也可拖拽滑动条进行修改。

在低CFG值的设定下，Stable Diffusion模型在图像生成过程中展现出更高的自由度，所生成的图像可能不完全符合提示词，却往往呈现出更为丰富的创造性。然而，这种自由度也可能导致图像中出现与文本提示完全不一致的元素或场景。当CFG值较高时，模型更加严格地遵从输入提示，生成的图像更紧密贴合文本描述，但也可能会限制模型的创造力和多样性。

在CFG值达到极高水平的情况下，生成的图像有可能显得不自然甚至产生伪影。默认情况下，Stable Diffusion设定的CFG值为7，这代表了创造性与生成准确性之间的折中选择。实际操作中，可以根据特定的需求及创作目标对CFG值进行适当的调整，以实现最佳的生成效果。

同样输入提示词“a girl, yellow dress, red hair, smile, castle, in the fields”，通过设定不同的提示词引导系数，最终得到5种不同的画面效果（图2-18）。

图2-18　提示词引导系数（1~29）

图2-18：通过观察可以发现，引导系数为1时，图像内容杂乱无章，超过14之后，画面效果逐渐变深暗，可见提示词引导系数并不是越高越好，保持默认数据就能得到比较好的效果，如果追求更加强烈的光照质感，可以将其适当提高，但不要超过14。

第二节　随机数种子

在Stable Diffusion模型中，图像生成的过程充满了不确定性。尽管可以通过调整提示词等参数来部分控制最终图像的视觉效果，但仅依靠这些手段，实现与给定参考图像的完全匹配依然极具难度。除了提示词这一调节手段，系统还提供了另一种方式来指导图像生成的内容，即利用随机数种子

（Seed）。这种机制在一定程度上增强了用户对生成结果的控制力（图2-19）。

图2-19　随机数种子

图2-19：选中种子数值可对其进行修改，右侧的骰子图标表示恢复初始数值，也就是-1，循环图标则表示重复使用将上一张生成图的随机数种子数值。

一、随机数种子概念

种子值的选择对生成图像的随机性具有决定性作用。在保持种子及所有相关参数不变的情况下，生成的图像在理论上应呈现出一致的结果。生成图像的每一个实例均对应一个特定的种子，该种子在Stable Diffusion模型中默认设置为-1，表征了图像生成的随机特性。为了对生成过程实施更精确的控制，设计师可以将其他图像的种子数值复制至种子输入框，进而引导生成过程，以获得预定的图像输出（图2-20）。

二、变异随机种子

变异随机种子的概念涉及在基础种子上融合其他种子元素，以此实现两张图像的混合效果。

●变异强度。指变异随机种子对于原始种子图像所产生的影响力度。当该值较小时，影响相对较弱，原图像的主要特征将更多被保留；反之，若该值较大，原图像的特征保留将减少，混合效果更为显著。通过调节这一参数，研究者可以精确控制两张图像融合的深度与层次。

●从宽度中调整种子和从高度中调整种子。调整种子的过程可通过两种不同的维度进行：一种是从图像宽度维度进行调整，另一种则是从图像高度维度进行调整。这两种方法分别对应着输出图像的宽度和高度数值，从而在混合过程中实现对图像尺寸的精确控制。这种控制策略为图像混合技术提供

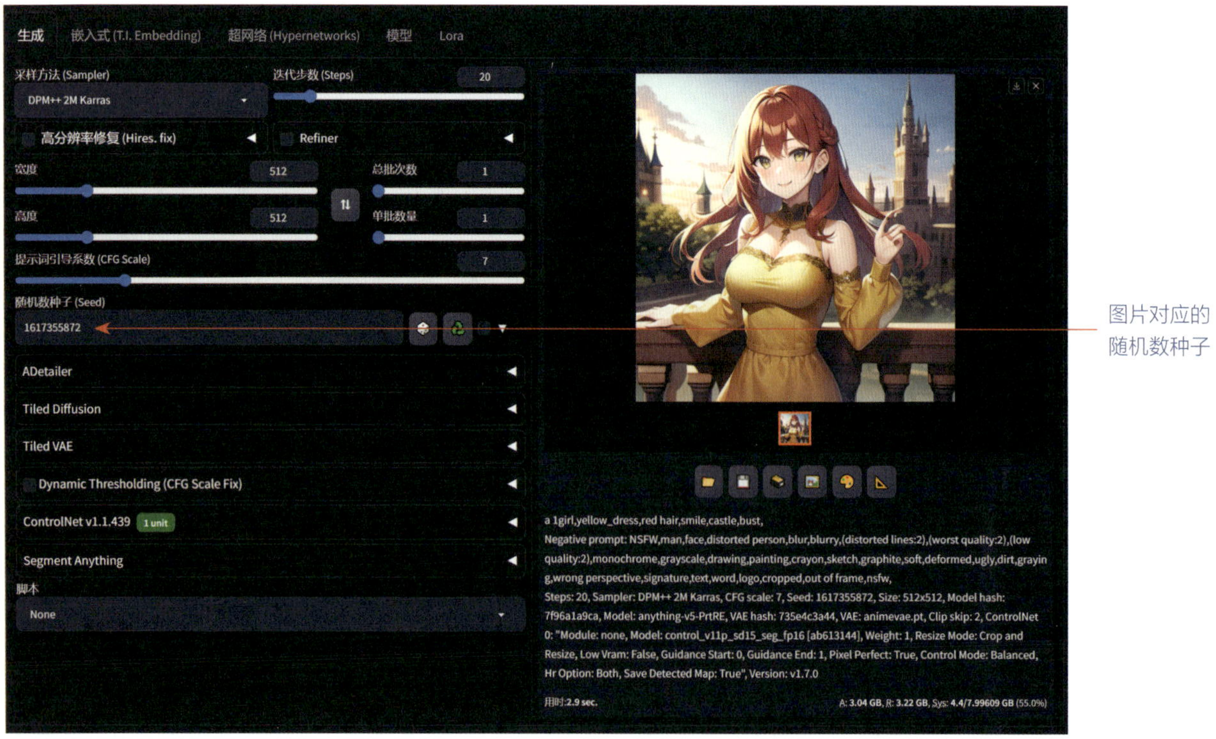

图2-20　随机数种子显示位置

图2-20：在随机数种子数值框和生成图片下方的参数文本处都可以对种子进行查看，选中即可复制。

了更为灵活的操作方式，有助于优化混合效果以满足不同的应用需求（图2-21）。用“生成”按键，即时获取融合后的视觉输出（图2-22）。

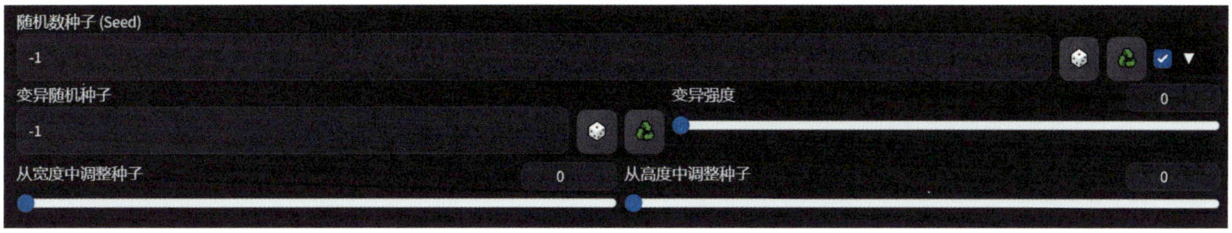

图2-21　变异随机种子

图2-21：点击随机数种子右侧的勾选框即可显示随机数种子面板。

图2-22　随机数种子融合图片

图2-22：通过观察可以发现，随着人物逐渐改变动作姿势和样貌，西装从黑色变为红色，再变为黑色，领带变为领结，再变成领带。要想兼顾原图和融合图，最好将变异强度设为0.5左右。

第三节　脚本

脚本作为Stable Diffusion中一款卓越的辅助工具，不仅承担着测试图像生成的重任，更在文生图界面的底部扮演着至关重要的角色。只需轻触脚本复选框，便可在下拉菜单中轻松浏览到多样化的功能选项，更可以下载新的脚本，以扩展和丰富设计师的创作功能（图2-23）。

图2-23　脚本

图2-23：点开脚本复选框，即可在下拉列表中查看各种功能选项。

一、X/Y/Z图表

X/Y/Z图表是Stable Diffusion的核心脚本功能，以其清晰展现参数效果差异的能力，为设计师提供了便捷的测试与对比平台，从而助力找到最适宜的参数配置。

在脚本下拉列表中，可轻松定位并点击“X/Y/Z图表”，随即切换至相应界面。在此界面上会看到“X轴类型”“Y轴类型”“Z轴类型”复选框，每一行都允许设置不同的参数，进而生成可供比较的图像。

● 包含图例注释。显示每个变量的详细注释信息，以便更好地理解各个参数的含义和作用。

● 保持种子随机。在生成每张对比图时，均采用不同的随机种子参数，可以根据实际需要灵活选择（图2-24）。

1. 不同采样方法出图

在对文生图界面进行细致配置之后，首先，轻触“X 轴类型”选项框，细心搜寻并点击相应的采样方法。接下来，点击“X 轴值”选项，此时下拉菜单将展示出各式各样的采样方法名称，在此，精心挑选要进行对比的采样方法，将其纳入选框中。最后，将视线移至界面顶端，点击“生成”按钮（图2-25）。

2. 不同模型和迭代步数出图

调整文生图界面的各项参数后，轻点“X 轴类型”选项框，细心搜寻并点击“模型名”一栏。紧接着，触动“X轴值”选项，从展开的下拉列表中挑选出要进行对比的大型模型。下一步，聚焦于“Y轴类型”选项框，此处选择迭代步数作为变量。在“Y轴值”输入框内，填写迭代步数，若为连续区间，可用连字符“-”连接，如“1-20”，对于非连续的步数，则使用逗号“，”分隔，例如“1, 2, 3…”。完成这些步骤后，将视线移回界面顶端，点击“生成”按钮（图2-26）。

二、提示词矩阵

提示词矩阵（Prompt Matrix）用于比较不同提示词对出图的影响，需要比对的提示词用“|”分隔。

●将暂时不确定的提示词放在文本的开端。提升该提示词的权重，能提高该提示词在图像生成中的影响力。

●为每张图片使用不同随机种子。与X/Y/Z坐标系统中的操作相同。

●选择提示词。决定该提示词是在正向提示词还是反向提示词区域应用，这将直接影响图像成生的结果。

●选择分割符。能改变提示词之间的间隔是逗号还是空格，这会影响提示词在图像生成中的影响力（图2-27）。

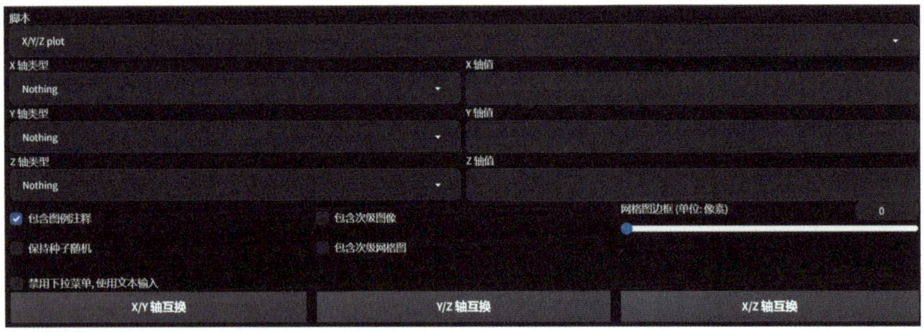

图2-24 X/Y/Z图表

图2-24：X/Y/Z图表包含复选框和其他可勾选参数，通过调整参数可以对出图效果进行调整。

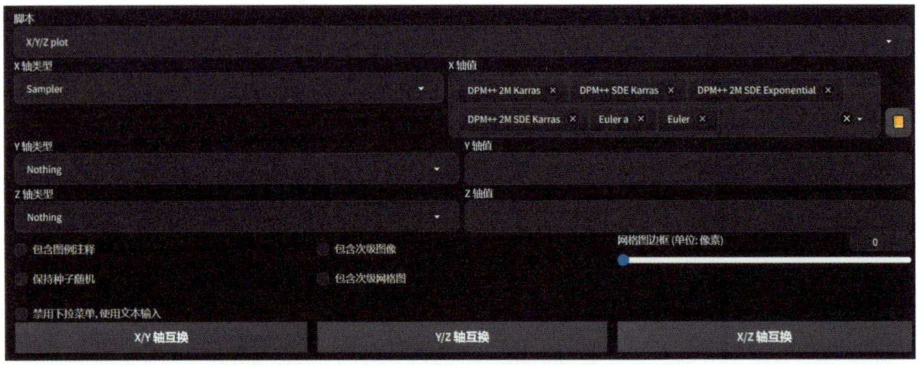

图2-25 不同采样方法出图

图2-25：“X 轴类型”选择采样方法（Sampler），点击“X 轴值”选择需要比对的采样方法，右下方按钮可以将所有采样方法全部选中。

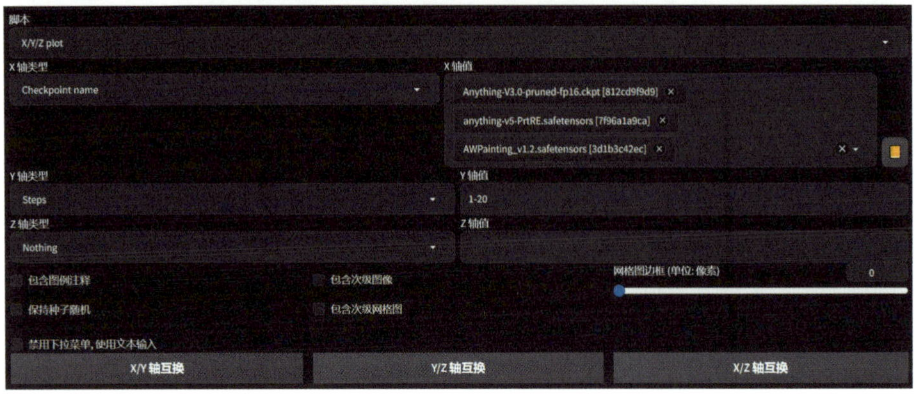

图2-26 不同模型和迭代步数出图

图2-26：“X 轴类型”选择模型名（Checkpoint name），点击“X 轴值”选择需要比对的大模型，“Y 轴类型”选择迭代步数（Steps），点击“Y 轴值”输入需要比对的迭代步数。

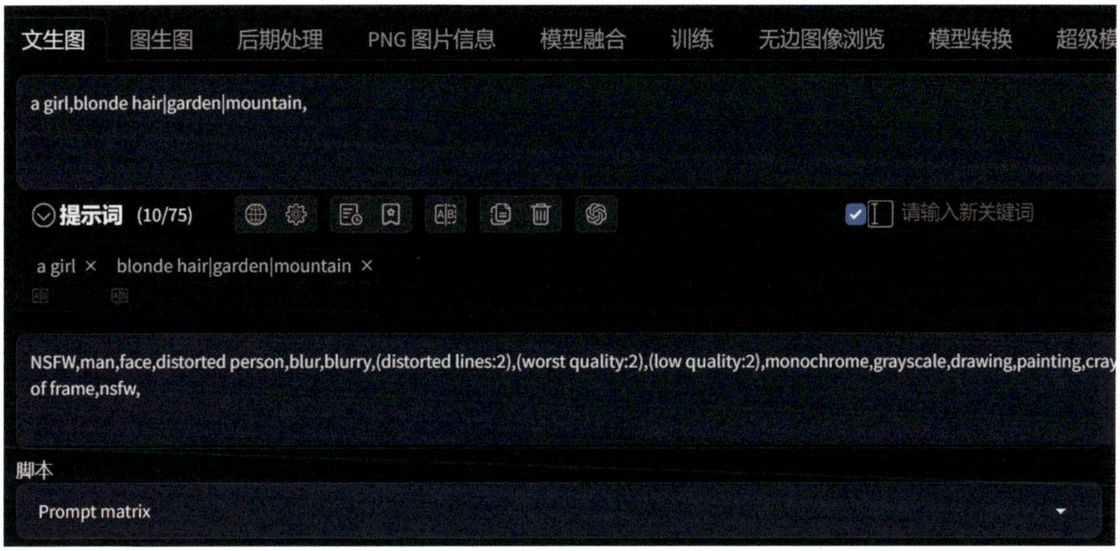

（a）输入提示词

图2-27　Prompt Matrix 提示词矩阵

图2-27（a）：需要进行比对的提示词前方去掉逗号，使用“|”代替，Stable Diffusion才能对其进行识别。

（b）生成图片

图2-27（b）：得到4张不同效果的生成图片，分别是背景无高山和花园、花园背景、高山背景和花园、高山兼具的背景，一目了然。

提示词框中输入“a girl, blonde hair | garden | mountain”，开启“Prompt Matrix提示词矩阵脚本”并点击“生成”按钮。

三、载入提示词

从文本框或文件载入提示词（Prompts from file or textbox）可以一次性输入多组提示词，生成多张图片，1组提示词对应1张图片，从而进行批量处理。可以在下方的提示词输入列表中手动输入，也可从文本文件中载入提示词进行生成，选择这两种方式进行输入前，需要先将界面上方提示词输入框中的内容删除。

提示词的输入格式为：每组提示词占一行，前方加上“--”，之后的文本添加双引号。提示词框中输入-- “starry sky” -- “in a meadow” -- “desert” -- “city”，开启“Prompts from file or textbox脚本”并点击“生成”按钮（图2-28）。

第四节　文生图案例解析

Stable Diffusion还拥有强大的文生图转化能力，下面将通过实战操作，具体介绍Stable Diffusion文生图功能。

一、二次元人物图

二次元风格作为一种广受欢迎的表现形式，已成为Stable Diffusion图像生成工具中常见的主题。下面通过采用两种不同风格的二次元画风大型模型，创建插画图像，进而对生成的图像效果进行比较（图2-29）。

（a）输入提示词

图2-28　从文本框或文件载入提示词（Prompts from file or textbox）

图2-28（a）：在提示词输入界面输入格式相符的提示词。

（b）生成图片

图2-28（b）：得到4张不同效果的生成图，分别是星空背景、草地背景、沙漠背景和城市背景，一目了然。

（a）背光人物

（b）侧光人物

图2-29　生成二次元人物图

图2-29（a）：人物背对主要光线，星空背景营造出较强的氛围感，对发丝走向、服装质感的表现十分细腻。

图2-29（b）：这款二次元画风大模型更偏向于简洁的风格，线条刻画简明扼要，边缘轮廓清晰可见，侧方打光突出人物面部，强调画面重点。

二、室内效果图

Stable Diffusion文生图功能可以生成室内效果图。通过输入精准表述预期效果的提示词，在虚拟环境中创建出高度逼真的室内效果图。此方法不仅节省了设计时间和成本，而且极大地拓展了设计师的创意空间（图2-30）。

（a）清新风客厅场景生成图

（b）古典风客厅场景生成图

图2-30 生成室内效果图

图2-30（a）：清新风格的客厅场景生成图，场景布置简洁，侧方来光增添了空间的通透感，原木色家具和绿植相得益彰。

图2-30（b）：古典风格的客厅场景生成图，竹质家具充满复古格调，挂画和绿植的搭配为场景增添自然气息，意趣盎然。

本章小结：

文生图技术是将自然语言文本转换成精细图像的人工智能手段，其核心在于解析语言与视觉元素之间的关系。本章深入介绍了Stable Diffusion文生图技术的基础参数设置、工作原理，通过对大量数据集的学习，该技术能够建立起文字描述与图像内容的直接联系，从而高效实现从文字到图像的转换。还介绍了其如何通过算法分析来理解并转化文本信息，对文生图技术的操作步骤进行了逐一拆解，并辅以多个实践案例，旨在让读者全面了解该技术的实际操作过程。

●课后练习

1. 文生图是什么技术？文生图界面中哪些参数是影响图像生成质量的关键？
2. 迭代步数如何影响文生图的最终效果？
3. 不同的采样方法如何塑造文生图的视觉效果？
4. 随机数种子究竟是什么？它如何巧妙地控制出图效果，为图像生成带来无限可能？
5. 通过变异随机数种子的独特功能，探索如何融合2张图片，创造全新的设计效果。
6. 以“一带一路”为主题，使用文生图技术生成3～5张不同画风的图片。

第三章

图生图

学习难度：★★★★☆
重点概念：图生图、迭代步数、采样方法、提示词、随机数、种子模型、效果图

章节导读：图生图功能巧妙地补充了文生图板块的不足。与文生图侧重于以提示词文本内容为驱动相比，图生图以现有图像为核心基石，通过深入挖掘原图内容，进行精准的二次创作，从而对原图进行巧妙修改与丰富，助力生成图像更接近理想效果。本章将深入探讨图生图的基本功能与使用方法，揭示其背后各个功能板块的底层逻辑。通过精细控制参数，实现对生成图像的精确操控，使之达到完美的视觉效果。图生图的实用价值远不止于对现有图像的简单修饰，巧妙运用这一功能，不仅可以创作出充满创意与实用性的设计作品，还能让设计内容更加完美（图3-1）。

图3-1　图生图转换人物画风

图3-1：通过对图生图功能的合理应用，得以将写实风格人物转换为充满想象力与梦幻色彩的二次元形象。在此过程中，通过替换原有的风格模型，调整重绘幅度，最终生成精美的动漫人物图像。

第一节　图生图基础原理

图生图的功能界面在架构上与文生图相似，两者均配备了迭代步数、采样方法、生成批次以及提示词引导系数等精细参数。图生图界面的一大特色在于，其提示词输入框之下增设了一个参考图窗口及其相关参数设置。这一创新设计使得设计师可以通过导入参考图像并微调参数，实现对生成图像效果的深度优化，从而打造出更加符合需求的画面。

图生图的界面与前文所述的高分辨率修复功能在视觉上有异曲同工之妙，但功能远不止于简单的图像放大，它是对高分辨率修复技术的进一步拓展与深化，赋予了图像处理更为丰富和多元化的可能性。

一、图生图概念

图生图旨在将图像导入作为创作起点，能够根据设计师输入的文本内容，巧妙地进行图像的再创造。此功能的核心在于将用户对图像的修改需求转化为提示词输入框中的精准文本，进而激活Stable Diffusion的强大算法，依照输入的多样化要求，对原图进行细腻而深入的调整。

经过再创造，图像得以焕新，不仅保留了原有的风貌，更巧妙地融入了设计师的个性化需求，从而基本满足多种实际应用场景。图生图功能的实际价值在于其多方面的应用，包括风格转换、图像局部放大与修饰，以及画面细节的丰富与提升，为图像创作领域带来了无限的可能性和广阔的创作空间（图3-2）。

二、反推提示词

反推提示词旨在高效生成图像描述。该功能位于界面左侧，用户可轻松访问。此处提供了两种反

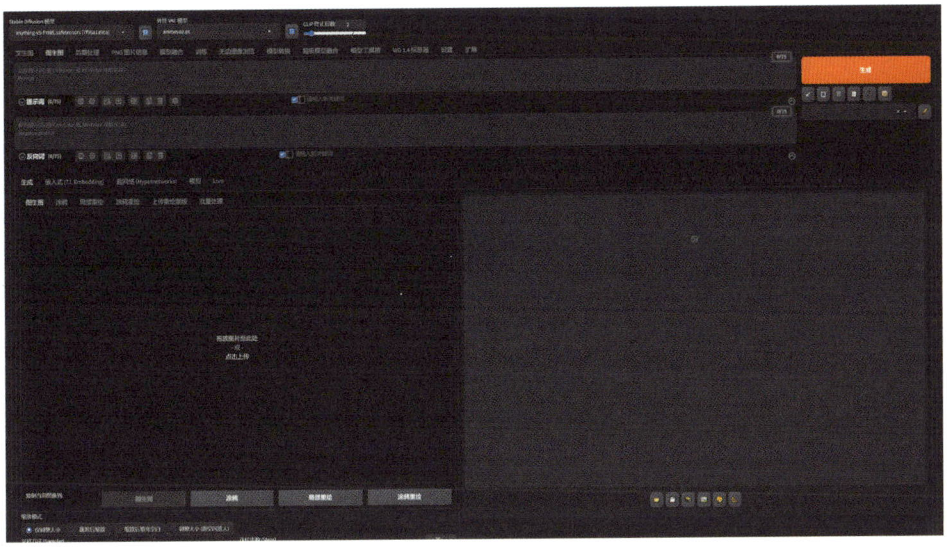

图3-2　图生图基本参数

图3-2：图生图界面在文生图功能的基础上进行了深度优化与升级，引入了全新的参考图窗口以及一系列精细化的相关参数设置。这一创新功能让设计师得以通过直观的拖拽操作轻松上传图像，同时还可以点击参考图窗口，手动选择图像的存储路径。这一设计极大地提升了操作的灵活性和便捷性，使得整个工作流程更加流畅、高效。

推模式：CLIP反推与DeepBooru反推，这两种模式各具特色，以满足不同需求。

CLIP反推功能卓越，擅长根据导入的图像生成丰富多样的句子和短语，特别强调对物体方位的精准描述。而DeepBooru反推则专注于提炼关键词，其描述画面内容的能力尤为突出，生成的是简洁有力的单词。在实用性方面，DeepBooru显然更胜一筹，它对图像细节的捕捉不仅更为深入，减少了关键元素的遗漏，而且反推速度也远超CLIP。用户可根据具体场景和需求，灵活选择最合适的反推模式（图3-3）。

在欣赏他人创作的精美图像时，可以将这些杰作上传至Stable Diffusion的“图生图”功能中的参考图像窗口。接着，点击“CLIP反推”或“DeepBooru反推”按钮，提示词输入框中将自动浮现出对应的提

（a）反推提示词　（b）使用提示词

图3-3　图生图反推提示词

图3-3（a）：“别针”图标表示“CLIP反推功能启动按钮”，“纸箱”图标表示“DeepBooru反推功能激活按钮”。设计师通过巧妙切换这两种反推模式，便能生成各式各样的提示词格式，从而巧妙地塑造出层次丰富、意境独特的图像内容。

图3-3（b）：将提示词文本复制至“文生图”界面的提示词输入框，即可生成全新的图像。这得益于提示词对构图与场景元素的精准描绘，所生成的作品与原图相比，呈现出令人赞叹的相似之美。

示词。将这段文本复制并粘贴到“文生图”的提示词输入框中，随后，一幅与提示词紧密相关的图像便会生成。

三、迭代步数

迭代步数（Steps）的定义在前面章节中有过介绍。在Stable Diffusion扩散模型的图像生成原理中，其核心在于对图像进行逐层去噪。每一次去噪都是在前一次的结果上逐步展开的，以确保图像质量的连续提升。在图像生成过程中，迭代步数实际上是指在导入初始图像后，对其添加噪声并逐步消除这一噪声所经历的次数，这一过程是实现高质量图像输出的关键（图3-4）。

四、缩放模式

缩放模式是一种在重绘图像时，针对图像尺寸与原图比例不一致的情况下，巧妙调整原图以适应新的尺寸的技术手段。此功能置于参考图窗口的下方，提供“仅调整大小”“裁剪后缩放”“缩放后填充空白”“调整大小（潜空间放大）”4种灵活的选项，以满足不同场景下的需求。

●仅调整大小。这是对原图进行直接拉伸，强制性使其完美适应新的宽度和高度尺寸，简单直接，效果显著。

●裁剪后缩放。这是以原图的最短边为基准，进行等比例放大，对于超出重绘尺寸的部分，巧妙将其进行裁切，保留图像的核心内容。

●缩放后填充空白。这是以原图的最长边为基准，进行等比例放大，对于放大的空白部分，系统会自动进行填充，使得图像在视觉上更加完整。

●调整大小（潜空间放大）。其缩放方式与“仅调整大小”类似，不同之处在于，它是在图像进入潜空间后进行缩放，这种方式虽然并不常用，但在特定场景下却有独特的效果。

例如，将一张尺寸为768像素×512像素的图像导入参考图窗口，设定重绘尺寸为1000像素×1000像素，此时，可以直观地观察到在不同缩放模式下，图像放大的效果各具特色（图3-5）。

图3-4 迭代步数数值（1~10）

图3-4：在图生图界面，对一张小猫照片进行重新生成。发现其核心在于对原图施加一层细腻的随机噪声，随后通过精妙的算法逐步进行去噪处理。在这一渐进过程中，图像内容从最初的朦胧模糊，逐渐呈现出清晰细节。

（a）仅调整大小　（b）裁剪后缩放　（c）缩放后填充空白　（d）调整大小（潜空间放大）

图3-5　缩放模式

图3-5（a）：“仅调整大小”对图像尺寸进行直接的拉伸变形，在这种缩放模式下，原图尺寸与重绘尺寸不宜相差太大。

图3-5（b）：“裁剪后缩放”将原图的左右两侧各裁去一部分，只留下画面中心的部分内容。

图3-5（c）：“缩放后填充空白”将原图放大后对空余区域进行了自动填充，图像的上下边缘处产生竖纹，是因为该模式对图像的边缘像素进行了拉伸和拓展。

图3-5（d）：“调整大小（潜空间放大）”也对图像进行了拉伸变形，由于是将图像上传至潜空间后再放大，对图像内容进行了压缩，所以相对模糊。

五、重绘幅度

重绘幅度与之前提及的高清修复界面的重绘幅度如出一辙，二者均是对原图修改程度的精准描述。具体而言，重绘幅度的数值越大，生成图像相较于原图的差异性亦随之增大；反之，若重绘幅度数值较小，则生成图像与原图的差异性相应减小。遵循这一规律，可将现有的图像导入图生图界面，并尝试在不同的重绘幅度设置下进行图像生成。

例如，将一张二次元人物图像置入参考图窗口，在原有提示词的基础上新增“black hair”这一描述，并点击“生成”按钮。观察可得，在0.8的重绘幅度以下，画面内容几乎未发生显著变化。然而，随着重绘幅度的递增，画面背景渐次变暗，人物头发颜色逐步加深，服

图3-6　重绘幅度数值（迭代步数0.1~1.0）

图3-6：重绘幅度数值达到0.8之后，新增的提示词开始生效。随着重绘幅度的增加，图像中人物的发色逐渐变深，背景也相应变暗，距离原图所产生的偏移越来越大。

饰细节亦随之发生改变。当重绘幅度介于0.8至1.0之间时，生成的图像最接近期望的黑发效果（图3-6）。

六、画风转换

1. 上传图片

上传一张写实人物图像到图生图参考图窗口，点击“DeepBooru（反推关键词）”，对自动生成的关键词进行手动修改，增减画面元素，使其更加准确（图3-7）。

图3-7　反推关键词

图3-7：反推关键词能够根据导入图像快速推导出提示词，代替手动输入画面描述，节省时间和成本。

2. 设置数值

将图像的重绘尺寸设置为和原图尺寸相同的数值，并开启“X/Y/Z图表”脚本，X轴类型设为“Denoising（重绘幅度）”，便于对不同的出图效果进行比对（图3-8）。

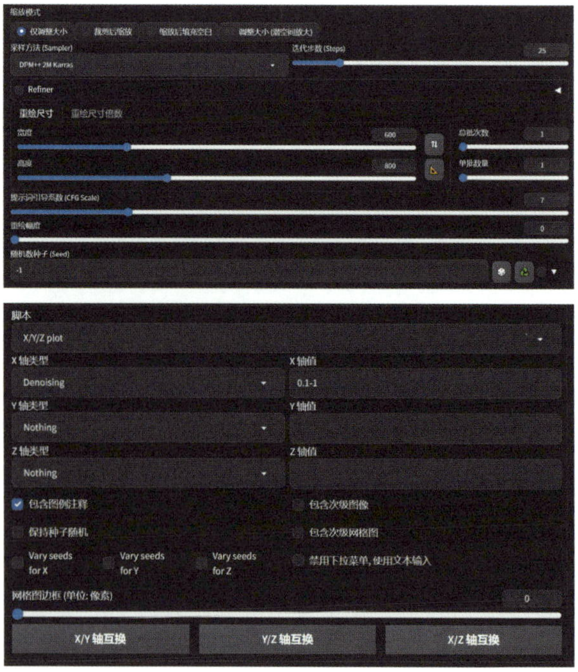

图3-8　设置生图参数

图3-8：生图参数和原图保持一致，避免出现图像变形、缩小的情况。

图3-9　生成二次元画风图像（迭代步数0.1~1.0）

图3-9：这里用到了Stable Diffusion自带的二次元画风大模型，也可以选择其他中意的模型实现画风转换。

3. 生成效果

来到界面最上方，切换二次元画风大模型，点击“生成”按钮，查看效果（图3-9）。

当重绘幅度设定在0.7～0.8时，其呈现效果与理想状态最为接近，表现出极高的相似度。而当重绘幅度提升至0.9时，其效果则更倾向于一种清新脱俗的二次元画风，虽然牛仔衣细节上出现了破面现象，且服装颜色与原图相比存在一定程度的偏差，但整体依旧给人干净清爽的视觉享受。

第二节　局部重绘

在原有图生图技术的基础上，局部重绘面板引入了一系列精细化的参数选项，旨在提升用户的操作体验。这些新增选项涵盖了“蒙版边缘模糊度”“蒙版模式”“蒙版区域内容处理”“重绘区域”四大类别。与前文所述的图生图技术相比，后者仅能对整张图像进行全局修改，难以实现局部细节的精确调整。

如果设计师对整体画面效果感到满意，仅需对局部细节进行微调，而不希望影响其他部分时，局部重绘功能便显示出其独特优势。该功能允许设计师对图像进行有针对性的修改，满足对局部画面调整的精细需求，从而实现更加个性化和精准的图像编辑体验。

一、局部重绘功能

局部重绘作为图生图的拓展功能，独具匠心，其精妙之处在于能够精准定位画面中的特定区域进行细腻的修改变动，同时完好无损地保留余下的画面细节。

将原图导入至参考图像窗口时，光标化作一个白色圆点，便于设计师精确涂抹需要修改的区域，

（a）局部重绘界面参数　　（b）局部重绘生成图

图3-10　局部重绘主要功能

图3-10（a）：上传参考图之后，在图片中需要修改的部位进行涂抹，形成蒙版区域。

图3-10（b）：提示词输入框中输入“blue flower”，局部重绘之后，蒙版区域生成蓝色花朵。

并形成专属的蒙版效果。涂抹作业完成后，只需将修改意向输入至提示词输入框，点击“生成”按钮，即刻便能预览到经过局部重绘处理的画面效果（图3-10）。

二、蒙版边缘模糊度

蒙版边缘模糊度是一种细腻的图像处理技巧，主要描述了重绘区域与图像其余部分的交融过渡效果。它与Photoshop中的羽化功能或高斯模糊异曲同工，旨在实现区域边缘从透明至可见的平滑渐变。这一参数的核心作用是能让蒙版边缘的过渡更加流畅自然，有效减轻因局部修改而产生的生硬边界感，使修改区域与原始图像达到无缝融合，避免产生突兀或不自然的视觉体验。

在数值设定上，边缘模糊度介于0～64，其默认值为4，即相当于4像素的宽度。数值越小，边缘的界定越明确；数值增大，则边缘的模糊效果越明显。下面以一幅写实的风景图像为例，直观地对比不同蒙版边缘模糊度对图像效果所产生的显著差异（图3-11）。

当蒙版边缘的模糊度设定为0时，河岸与溪流表面的衔接显得突兀，缺乏自然的过渡效果。然而，当模糊度提升至5或15时，河岸与水面之间的交融便形成了更为立体和丰富的体积感，其透视效果也趋于理想状态。一旦模糊度超过15，溪流面积便会显著缩减，与初始状态相比，其变化已相去甚远，呈现出一种截然不同的视觉效果。

三、蒙版模式

蒙版模式有“重绘蒙版内容”和“重绘非蒙版内容”两个选项。

●重绘蒙版内容。专门针对蒙版所覆盖的图像区域进行精准的再渲染，确保仅对该部分图像进行细致的重绘处理。

●重绘非蒙版内容。将焦点转向蒙版之外的区域，进行重绘操作，其效果相当于在Photoshop中运用反选功能，使得未被蒙版覆盖的图像部分得到相应的修饰。

下面以一幅写实风格的风景图像为例，细致比较不同蒙版模式对原图效果的显著影响（图3-12）。

四、蒙版区域内容处理

在蒙版区域内容处理模块中，有“填充”“原

（a）添加蒙版

图3-11　蒙版边缘模糊度

图3-11（a）：想要将田野中间的小径替换成溪流，从前景一直延伸到湖泊，于是在画面中涂出溪流的形状与走向，点击“生成”按钮，查看效果。

蒙版边缘模糊度：0　蒙版边缘模糊度：5　蒙版边缘模糊度：15

蒙版边缘模糊度：35　蒙版边缘模糊度：55　蒙版边缘模糊度：64

（b）蒙版边缘模糊度（0~64）

图3-11（b）：蒙版模糊度越高，蒙版与整体画面的融合程度越高，但实际生效面积也相应变少，因此生成时最好将其保持在默认数值4左右，根据实际需要进行修改。

重绘蒙版内容　重绘非蒙版内容

（a）原图　（b）重绘蒙版内容　（c）重绘非蒙版内容

图3-12　蒙版模式

图3-12（a）：将右侧帐篷涂抹后，输入关键词“草地”，点击“生成”按钮，查看效果。

图3-12（b）：右侧帐篷在画面中消失，原来的位置变成一片草地，看起来毫无违和感。

图3-12（c）：右侧帐篷的形态被保留，其余的画面内容被重绘，效果十分自然。

版”“潜空间噪声”“空白潜空间”四大选项，各具特色，旨在为重绘区域提供多样化的处理策略。

●填充。通过对蒙版区域施以细腻的高度模糊效果，并根据该区域的色度特性进行智能重绘，实现视觉上的自然过渡与融合。

●原版。此选项将蒙版区域视为参考底图，以此为基础进行细致重绘，力求保留原图中的元素与细节，最大化地呈现原图风貌。

●潜空间噪声。在蒙版区域上覆盖潜变量噪声，并进行创造性重绘。这一模式通常需要更大的重绘幅度，以形成显著的视觉效果。

●空白潜空间。此选项涉及从蒙版区域附近选取颜色填充至该区域，作为重绘的参考底图。这种方法在视觉上能够创造出新颖的对比效果。

下面导入1张蓝发女孩图像，在头发处添加蒙版，输入提示词“black long hair”，通过更改发色来比对不同蒙版区域内容处理对生图效果的影响（图3-13）。

五、重绘区域

重绘区域板块有“整张图像”和“仅蒙版区域”两个选项。

●整张图像。针对整个画面进行细致的重绘，是对整张图像的每个像素进行重新渲染，确保画面整体的一致性和协调性。

●仅蒙版区域。专注于对蒙版遮罩指定的区域进行局部重绘。

“整张图像”先重绘整张原图，然后再将被蒙版遮挡的区域提取出来，将其覆盖至原图上。例如，假设一张图像的蒙版区域为72像素×72像素，选择“整张图像”模式，则会生成一张同样为72像素×72像素的新图像，并精确粘贴到原位置。“仅蒙版区域”先生成一张与原图蒙版区域图像，图像像素与整张原图像素相当，然后将其像素缩小并粘贴到原蒙版区域，这样便为重绘提供了更广阔的创作空间，从而实现更高程度的细节精细度，有效降低在生成过程中出现错误的可能性。

（a）原图　　（b）添加蒙版

图3-13　蒙版区域内容处理

图3-13（a）：原图人物是长卷发的造型，作为原始参考与之后的重绘图像进行对比。

图3-13（b）：用画笔涂抹头发部分，将其完全覆盖，不要遗漏发丝。

（c）填充　　（d）原版　　（e）潜空间噪声　　（f）空白潜空间

图3-13（c）：填充模式在蒙版区域内生成了一种新的头发造型，原来的卷发变为直发。

图3-13（d）：原版模式除了将头发原来的蓝色变为黑色之外，造型上的改动相对较小，与原图基本保持一致。

图3-13（e）：潜空间噪声生成效果较差，给人一种没有采样完全的感觉。

图3-13（f）：空白潜空间模式选取蒙版周围像素的颜色作为参考，因此得到的头发颜色更浅，呈现出一种灰褐色。

下面对二次元人物头像的面部进行重绘。分别采用“整张图像”与“仅蒙版区域”两种模式，通过对比出图效果，可以直观地感受到两种模式带来的视觉差异（图3-14）。

在重绘区域的左侧，有一个名为“仅蒙版区域下边缘预留像素”的滑动条。该滑动条仅在选择“仅蒙版”重绘模式时激活，其功能在于调节蒙版参考区域的扩展幅度。滑动条数值变大，将相应扩大蒙版区域的参考范围，从而使得蒙版与周边区域的融合效果更加自然和谐。

第三节　其他重绘

除图生图和局部重绘外，该界面还增加了其他重绘，包括涂鸦、涂鸦重绘、上传重绘蒙版和批量处理，旨在增加Stable Diffusion的可操作性。

一、涂鸦

涂鸦功能旨在通过用户用画笔在参考图上进行粗略勾勒，智能生成与之相关的物品，从而显著提升用户在Stable Diffusion生成图像过程中的互动体验。该功能的参数界面与传统的图生图模式保持了高度一致。

将图像导入至参考图窗口时，会注意到图像右上角新增的画板形态按钮，点击该按钮，即可展开丰富的颜色选择菜单。选定“红色”，画笔便会在图像上留下鲜明的红色笔迹。在人物头顶轻轻添加几笔红色笔迹，并输入正向提示词“flower”，随后点击“生成”按钮，便能为人物戴上一圈艳丽的红色花环，为原本的图像注入生机与活力（图3-15）。

除了在已有图像的基础上修改局部之外，涂鸦功能还可以根据涂鸦内容从0开始生成一张全新的图像。制作一张涂鸦导入参考图窗口，画面中不同景观用不同颜色的色块来概括，这里想要生成一张群山环湖的风景图像，输入提示词“lake, path, trees, mountain, blue sky”，重绘幅度保持默认的0.75，总批次数改为4，点击生成查看效果（图3-16、图3-17）。

（a）整张图像　（b）仅蒙版区域　（c）细节对比

图3-14　重绘区域

图3-14（a）：在原来脸部区域的像素基础上进行发挥，精度接近于重绘之前的效果。
图3-14（b）：由于重绘时有了更多的像素空间进行施展，画面所包含的图像信息更为丰富。
图3-14（c）：使用“仅蒙版区域”选项重绘的图像细节刻画更为深入，创造出更为出彩的画面效果；“整张图像”则略逊一筹。

（a）添加涂鸦　　（b）生成图像

图3-15　涂鸦

图3-15（a）：沿人物头顶添加红色笔迹，用比较粗略的笔触大致确定花环形态。

图3-15（b）：红色笔迹与原有图像充分融合，提示词控制想要添加的物品类型，笔迹控制想要添加的颜色及位置。

图3-16　上传涂鸦

图3-16：用色块表示在画面中出现的元素，元素之间用不同的颜色区分，涂出其大致的轮廓与位置即可。

（a）风景生成图1　　（b）风景生成图2

图3-17　生成风景图像

图3-17（a）：在绿色色块的区域自动加上了草地和树木，融入整幅场景当中。

图3-17（b）：生成图与涂鸦图的关联程度非常高，达到理想效果。

二、涂鸦重绘

涂鸦重绘技术巧妙地将涂鸦功能与局部重绘技术融为一体，实现了更为精细的图像编辑功能。传统的涂鸦操作是对整张图像进行全局重绘，而涂鸦重绘则巧妙地突破这一局限，允许用户仅针对涂鸦区域进行局部重绘，从而在强化涂鸦效果的同时，完好无损地保留了图像的其他部分。其操作界面与局部重绘功能如出一辙，仅在蒙版边缘模糊度参数旁边，增加了“蒙版透明度”滑动条。调整这一滑动条，用户可以轻松控制涂鸦颜色的透明度，数值越高，颜色越趋于透明，反之则越鲜明。

操作流程也极为简单。首先，将图像导入参考图窗口。然后，点击画板按钮选取心仪的色彩，并利用吸管工具精准吸取参考图中灌木丛的绿色。在画面中轻描淡写地添上几笔绿色，象征生机勃勃的绿植。最后，键入正向提示词“bush”，点击“生成”按钮，画面便会增添若干丛灌木（图3-18）。

三、上传重绘蒙版

上传重绘蒙版功能是对局部重绘技术的拓展，它允许用户借助专业的图像编辑工具，如Photoshop，打造出更为精细和个性化的蒙版效果。通过这一功能，用户可以在参考图像的指定区域内生成全新的内容，为创作赋予更多可能性。

在操作界面中，精心设计两个上传图像的窗口，上方专用于导入原始图像，下方用于上传精心制作的蒙版。当进行图像生成时，Stable Diffusion智能地结合这两幅图像，精准识别出原图中需进行重绘的区域。

下面是一个实际操作的范例。首先，选取一张风格写实的模特生成图，利用Photoshop细腻地抠取出模特的上衣部分，并将其巧妙地填充为纯白色，形成所需的蒙版区域。其余部分则用黑色填充，代表非重绘区域。然后，将这两幅图像分别导入到Stable Diffusion的“上传重绘蒙版”界面中的相应窗口。在提示词输入框内键入“white dress”，点击“生成”按钮，瞬间便能让模特原来的粉色礼服变化成一件优雅的白色连衣裙，焕发出全新的风采（图3-19）。

四、批量处理

批量处理功能是对先前多项功能的深度整合与扩展，旨在实现针对特定目标的连续批量图像处理。在这一功能界面中，相较于其他功能模块，特别增设了

（a）添加涂鸦　　（b）生成图像

图3-18　涂鸦重绘

图3-18（a）：原图的庭院场景略显空旷，于是添加3处涂鸦，来丰富画面效果。
图3-18（b）：根据涂鸦位置和提示词生成3处灌木散布在场景中，完美融入原图。

（a）上传重绘蒙版　　（b）原图　　（c）生成图像

图3-19　上传重绘蒙版

图3-19（a）：上方窗口导入原图，下方导入黑白蒙版图，是进行局部重绘的必要条件。
图3-19（b）：原图模特身着丝绸质感的粉色礼服，抠图时抹平服装褶皱，避免产生不良效果。
图3-19（c）：通过局部重绘，将模特原来的粉色礼服替换为白色连衣裙，轻松实现换装效果。

4个输入框，它们专门用于输入图像的存储路径。界面下方设有“PNG图片信息”区域，此区域专为展示通过Stable Diffusion技术生成的图像而设计。系统将自动抓取这些图像的参数信息，以支持新图像的生成工作，确保每一幅新生成的图像都与上方输入的存储路径中的原图像对应（图3-20）。

图3-20　批量处理

图3-20：“批量处理”界面包括“输入目录”“输出目录”和“PNG图片信息”，根据需要对信息进行相应的填写和勾选。

1. 置入图片

新建文件夹，并放入生成参考图，将其路径复制并粘贴至“输入目录”，注意路径中不要出现中文（图3-21）。

（a）参考图文件夹

（b）填写输入目录

图3-21　参考图目录

图3-21（a）：所选图片为摄影图，图片中人物与背景真实细腻。
图3-21（b）：填写的输入目录为Stable Diffusion安装根目录或自定目录。

2. 指定输出图目录

新建空文件夹，将其路径复制并粘贴至“输出目录”（图3-22）。

3. 添加蒙版

将参考图使用Photoshop处理成蒙版图像，同样放入文件夹并将路径粘贴至“批量重绘蒙版目录”，根据参考图内容输入提示词“1girl, blue hair, red shirt, upper body, highres, absurdres”，点击“生成”按钮（图3-23）。

4. 生成完毕

生成后来到“输出目录”对应的文件夹，发现其中存放着3张生成图，说明处理成功（图3-24）。

第四节 图生图案例解析

Stable Diffusion所搭载的图生图功能，堪称艺术设计领域的一大突破，其强大的能力赋予了AI绘画无与伦比的灵活性。这一功能不仅为创作者提供了源源不断的素材和灵感，更极大程度地提升了创作效率，助力他们在各个领域挥洒创意，达到崭新的艺术高度。下面通过一系列生动案例，直观展现Stable Diffusion图生图功能在实践中的应用效果。

一、定制图像

通过对Stable Diffusion图生图功能的巧妙运用，用户将沉浸于既实用又充满创意乐趣的个性化定制体验中。这项技术不仅能将现实生活中的照片转化成独具魅力的艺术画风，还能灵活应对各种题材的需求，无论是瑰丽的风景、绚烂的花卉，还是生动的真人摄影，均能游刃有余。让用户轻松驾驭个性化定制，将艺术之美无缝融入日常生活，激发创作潜能，塑造出专属于个人的独一无二的艺术佳作（图3-25～图3-27）。

（a）输出图文件夹

（b）填写输出目录

图3-22 输出图目录

图3-22（a）：新建一个空白文件夹。

图3-22（b）：填写的输出目录为Stable Diffusion安装根目录或自定目录。

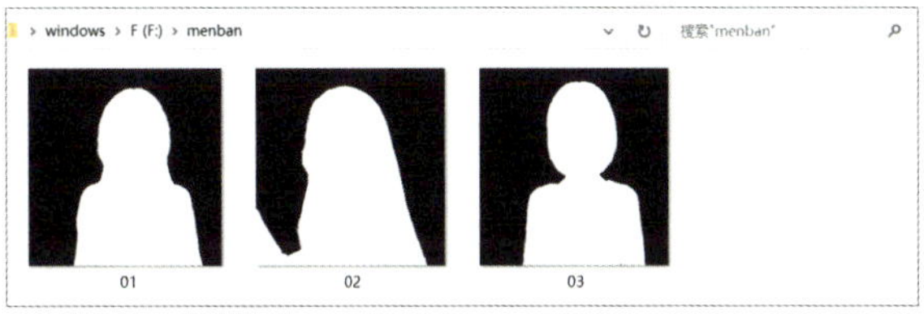

（a）蒙版文件夹

（b）填写蒙版目录

图3-23 蒙版图目录

图3-23（a）：经过Photoshop处理后的图片为人物轮廓剪影。

图3-23（b）：填写的批量重绘蒙版目录为Stable Diffusion安装根目录或自定目录。

图3-24 生成二次元画风效果

图3-24：重新生成后图片中的主要人物变成二次元画风。

（a）写实风向日葵　　（b）插画风向日葵

图3-25　向日葵定制图像

图3-25（a）：写实风向日葵花海场景，花朵灿烂盛开，画面色彩干净温暖。

图3-25（b）：画风转换提示词为“highres, absurdres, sunflower, blue sky, cloud, day, flower field, horizon, no humans, road, scenery, summer”，重绘幅度为0.75。

（a）写实风菊花　　（b）插画风菊花

图3-26　菊花定制图像

图3-26（a）：菊花近距离特写图像，色彩饱和度较高，给人一种明艳奔放的感觉。

图3-26（b）：画风转换提示词为“highres, absurdres, chrysanthemum, flower, blue sky, day, horizon, no humans, scenery, sky, summer”，重绘幅度为0.75。

（a）写实风森林公园　　（b）插画风森林公园

图3-27　森林公园定制图像

图3-27（a）：森林公园定制图像

图3-27（b）：画风转换提示词为“highres, absurdres, chrysanthemum, blue sky, day, horizon, no humans, scenery, sky, summer”，重绘幅度为0.75。

二、模特服装换色

精心打造出服装模特后，有时会发现其服装的款式与色彩并不完全符合设想。在这种情况下，手动调整便成了艺术创作中的必要环节。得益于Stable Diffusion的涂鸦功能，用户可以在图像上挥洒创意，自由地绘制各式图案与色彩。仅需简单的几步操作，设计师便能迅速更换图像中模特的服装色彩，使创作过程更加灵活、多变，充满无限可能。

下面以一张生成的模特试衣图为范例，细致演示如何运用涂鸦功能，轻松更换T恤衫颜色（图3-28）。

三、室内墙面换色

精心打造室内装修效果图的过程中，往往需要对局部装饰面的色调进行精细调整。Stable Diffusion的涂鸦蒙版功能便显示出其独特魅力。通过在图像上巧妙绘制颜色蒙版，能够精准地将需要更换颜色的区域与周围背景分离。用户只需通过调整蒙版区域内的色彩，便能轻松实现墙面颜色的换新。这种操作简便、效果鲜明的手法，无疑是室内设计领域中的一大得力助手（图3-29）。

（a）黄色T恤衫　（b）绿色T恤衫　（c）蓝色T恤衫

图3-28　模特服装换色

图3-28（a）：T恤衫的颜色为黄色，想要对其进行更改，先将该区域涂抹转换成蒙版。
图3-28（b）：输入提示词“green T-shirt”，重绘幅度为0.75，该区域的衣服面料自动变为绿色。
图3-28（c）：输入提示词“blue T-shirt”，重绘幅度为0.75，该区域的衣服面料自动变为蓝色。

（a）原图　（b）黄色墙面　（c）蓝色墙面

图3-29　室内墙面换色

图3-29（a）：室内设施格调单一，空间氛围显得有些单调。
图3-29（b）：输入提示词“yellow wall”，使用黄色涂抹墙面区域，切换到一个建筑专用大模型，重绘幅度为0.75，蒙版边缘模糊度为7，蒙版透明度为35，其余参数保持默认。生成完毕后，将图像导入到图生图进行二次生成，重绘幅度为0.45，修复墙壁边缘的形态。
图3-29（c）：输入提示词“blue wall”，使用蓝色涂抹墙面区域，重复上述步骤。

本章小结：

Stable Diffusion提供了卓越的图像风格调控功能，通过调整参数，用户能实现对图像风格的精准掌控。无论是调整图像的整体清晰度，还是对局部细节进行精细修饰，Stable Diffusion都能游刃有余，如细腻的水彩画、质朴的素描、浓重的油画等。本章从Stable Diffusion图像生成的核心参数和原理出发，对其进行深入剖析与详细解读。通过对应用方式的深度讲解，结合多个生动的实践案例，逐步解析操作步骤，旨在帮助读者更加全面地理解Stable Diffusion的实际应用功能及其背后的技术逻辑。

●课后练习

1. 什么是图生图？图生图的界面又涵盖了哪些关键参数？
2. 在常规操作中，哪一种缩放模式更能彰显图像之美？
3. 不同的重绘幅度如何影响生成图像的效果？
4. 局部重绘的主要功能是什么？如何运用它来细腻地修改图像的局部细节？
5. 挑选3～5张现实生活中的室内场景照片，尝试将其转化为多种独特的画风，体验创造的魅力。
6. 运用局部重绘功能，对人物或动物图像进行精细的局部修改，展现细节之美。
7. 利用涂鸦功能，选择一张国画，对其局部进行创意性修改，让画作焕发新的生命力和艺术魅力。

第四章

提示词

学习难度：★★★★★

重点概念：提示词输入、正向、反向、调用、预设、语法格式、权重

章节导读： Stable Diffusion核心技术在于提示词的应用。提示词作为人机交互的重要介质，是其他高级功能的基础。Stable Diffusion的程序设计包含了一套特有的提示词输入规范，该规范随着软件版本的迭代而逐渐优化，使得提示词的撰写过程更为简化。然而，为了显著提升图像生成的质量，熟练掌握提示词的基本编写原则显得尤为关键。这一熟练度的提升，是确保设计师的创意和需求能够有效转化为程序可识别的指令，进而获得更为满意的图像输出的必要条件（图4-1）。

图4-1：提示词为“highres, absurdres, a robot, building, car, cityscape, neon lights, night sky, outdoors, reflection, road, scenery, skyline, skyscraper, street”。以机器人为主题，安排赛博都市背景，画面整体色调偏暗，五颜六色的霓虹灯，刻画充满科技感的未来都市街头。

图4-1　赛博都市生成图

第一节　提示词基础

提示词在图像生成过程中，对于确保Stable Diffusion生成符合用户期望的图像具有指导性的作用。提示词内容广泛，不仅包含作品的核心主题和艺术风格，还涉及形象特征及细节元素。Stable Diffusion模型的最新版本，对提示词输入区域进行了功能优化，弥补了早期版本的功能缺失。用户可以更方便地输入提示词，从而提升整个图像生成过程的易用性。优化后的提示词输入区，能够更全面地描述期望创作的图像，从而实现更精确的艺术表达。

一、提示词输入

提示词输入区包括“提示词输入框”“词库”等相关功能按钮。既可直接在“提示词输入框”内键入内容，也可在右侧预设输入框完成输入后按回车键，操作过程便捷多样。通过点击“提示词”旁边的按键，可以展开包含多种标签的词库面板，便于选择和运用不同类别的提示词。

位于“提示词输入框”下方的功能键包括“语言”“设置”“历史记录”“收藏夹”“一键翻译”“关键词复制”“关键词删除”。将鼠标指针置于“配置”按钮上，系统会展示一个包含“翻译API”“文本格式”“黑名单”“快捷操作”等设置的选项菜单（图4-2）。

二、正向提示词

正向提示词是指导画面构成的核心要素。例如，

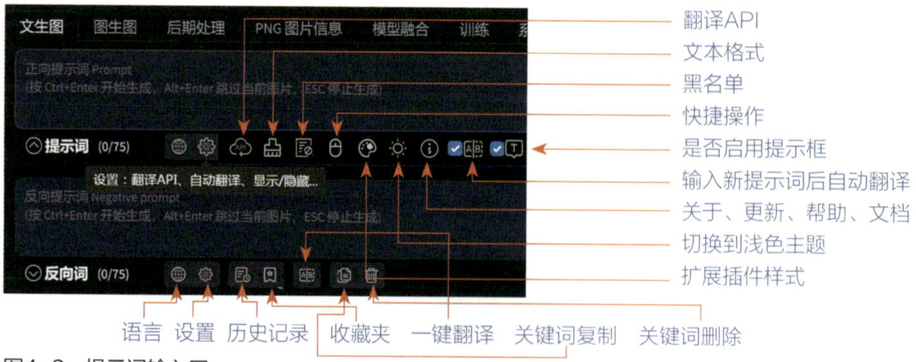

图4-2　提示词输入区

图4-2：提示词输入区包括提示词输入框、词库和相关的功能按钮，输入提示词后，输入框下方弹出词条，可点击按钮进行翻译。

（a）小猫特写镜头　　（b）小猫效果加强

图4-3　提示词生图效果

图4-3（a）：由于视野狭窄，所呈现出的内容十分有限，不能充分表现出室内场景及物品陈设。

图4-3（b）：通过增加提示词让画面效果得到加强，轮廓光增强氛围感，使画面效果更加美观，观赏性大大增强。

在提示词输入界面输入“indoor cat（室内猫）”，系统便能生成一张展现小猫处于家庭室内的特写图像。尽管图像的核心内容已显现，然而其展现的信息仍显单一，均匀分布的光线以及平视角度的呈现方式，导致视觉效果显得较为单调。

为解决这一问题，首先，可以引入质量相关的提示词，如“杰作、最佳品质”，以提升图像的整体质感。其次，添加物品类的提示词，如“床、窗户、衣柜、装饰品”，以丰富画面内容。此外，通过增加“轮廓光”这一光照类提示词以及“半俯视”视角提示词，进一步增强视觉效果的层次感和立体感。

通过整合这些关键词，并点击“生成”按钮，最终产生的图像在满足基本需求的同时，也极大地提升了视觉体验的丰富度和满意度。（图4-3）。

正向提示词的主要格式为：质量＋风格＋主体＋场景＋细节（光照、镜头视角、lora插件），根据实际需要做适当删减即可（图4-4）。

图4-4　正向提示词书写格式

图4-4：首行为质量提示词，中间行为画面主体与场景陈设，最下行为光照和镜头视角，在实际操作中，按照这类格式来对关键词进行填写。

三、反向提示词

在探索稳定扩散模型生成图像的过程中，反向提示词的概念扮演着至关重要的角色，这些提示词的功能在于明确指示模型在生成的图像中应避免展示特定内容。例如，当想要生成一张室内效果图，但希望排除过多的植物元素时，用户可在反向提示词输入框中键入“植物”，随后点击“生成”按钮，便会观察到生成图像中植物相关元素的有效剔除（图4-5）。

这种方法的核心在于构建一种特定格式的反向提示词，其一般形式为“低劣品质+不宜出现的元

（a）带植物室内效果图

（b）不带植物室内效果图

图4-5　控制画面元素

图4-5（a）：窗外的景观绿化在画面中占有较大的比重，尽管显得生机勃勃，却与室内的家具陈设格格不入，在视觉上形成了强烈的对比，使得室内设计的整体感被割裂，家具陈设的主体地位被削弱。

图4-5（b）：通过添加反向提示词来控制画面内容，避免被不相干元素喧宾夺主，让观众的视觉转而聚焦于室内的家具陈设。

素”。常见的通用提示词，如NSFW（不适合工作场合）、worst quality（最差质量）、low quality（低质量）、ugly（丑陋）、blurry（模糊）、extra legs（多余腿）、bad hands（糟糕的绘画手法）等，均旨在预防生成图像时出现质量低下、视觉效果不佳的现象，以及含有混乱元素、不自然的肢体形态等问题。这些通用提示词的设计原则可广泛应用于不同的生成主题（图4-6）。

（a）有反向提示词

（b）无反向提示词

图4-6　提高画面质量

图4-6（a）：灯光效果优秀，室内布置简洁干净，结构合理，给人以明亮、宽敞、舒适的感受。灯光、家具、陈设等元素的搭配和谐，呈现出温馨的家居氛围，整体效果较好。

图4-6（b）：画面显得有些冗杂，书架中的陈设物品发生了一些不合理的畸变，给人以一种压抑、拥挤的感觉。家具、陈设的搭配缺乏和谐，整体效果一般。

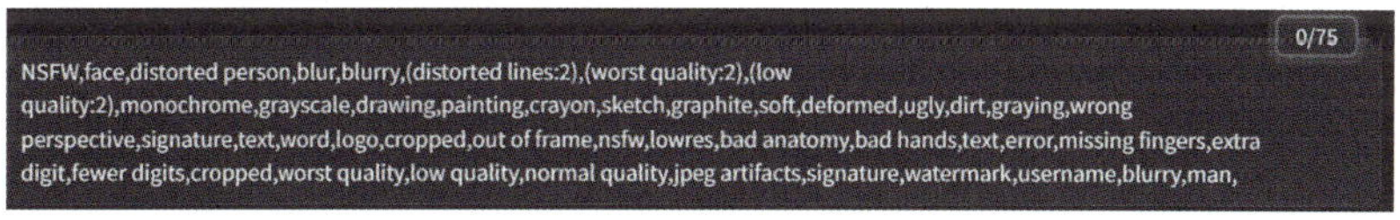

0/75

NSFW,face,distorted person,blur,blurry,(distorted lines:2),(worst quality:2),(low quality:2),monochrome,grayscale,drawing,painting,crayon,sketch,graphite,soft,deformed,ugly,dirt,graying,wrong perspective,signature,text,word,logo,cropped,out of frame,nsfw,lowres,bad anatomy,bad hands,text,error,missing fingers,extra digit,fewer digits,cropped,worst quality,low quality,normal quality,jpeg artifacts,signature,watermark,username,blurry,man,

（c）反向提示词书写内容

图4-6（c）：反向提示词包括一切不希望出现在图像中的元素，如低质量、坏手、坏脚等，进一步提升画面质量。

四、提示词保存与调用

为了便于后续使用，用户需在提示词输入框内完成提示词的输入，并存储这些提示词。实现此功能，可以通过预设提示词的方法。首先，应点击位于“生成”按钮下方操作区域中的“编辑预设样式”按钮，随后激活预设样式窗口（图4-7）。在此窗口中，需点击左侧的“复制主界面提示词”按钮，将输入框中的文本转移到该窗口。接着，在顶部输入框中为该提示词集合命名，并在所有操作完成后，点击“保存”按钮以确认更改（图4-8）。

启动主界面后，需点击“生成”按钮附近的“预设”选项，下拉菜单将展示先前存储的提示词名称。此时，应选择所需提示词，并激活“将所有当前预设纳入提示词”功能键，从而完成提示词的调用过程（图4-9）。

图4-7　点击按钮

图4-7：点击按钮操作区的“编辑预设样式”按钮，对预设样式进行添加和编辑。

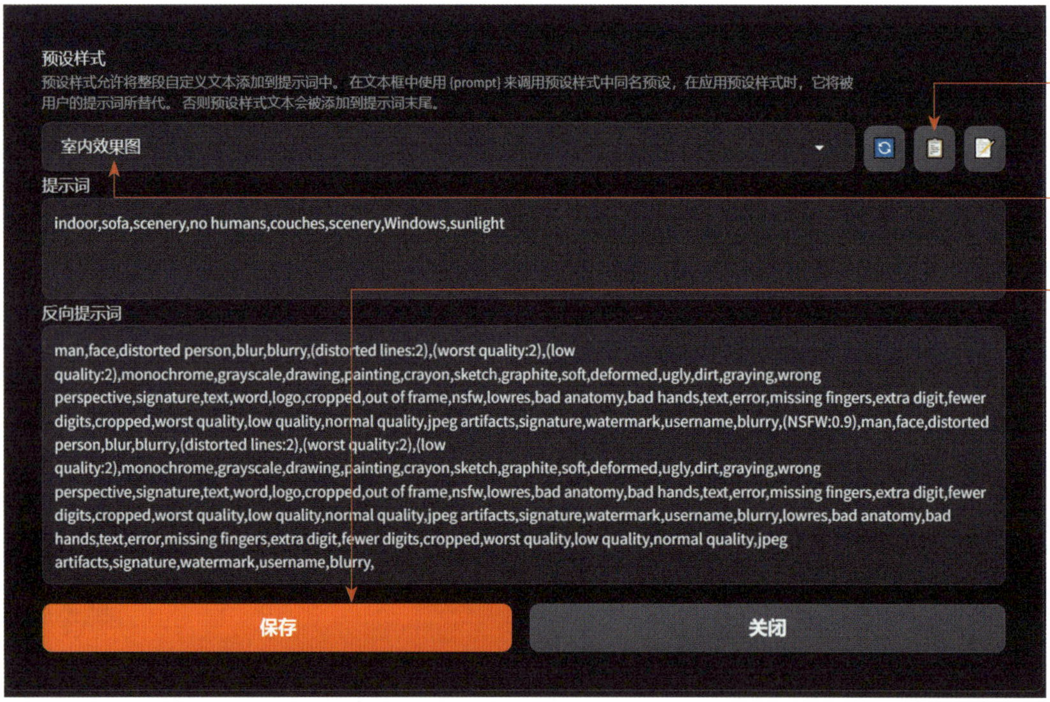

图4-8　导入提示词并保存

图4-8：将提示词文本导入该窗口后，对其进行命名，操作完成后下方亮起“保存”按钮，保存后关闭该窗口。

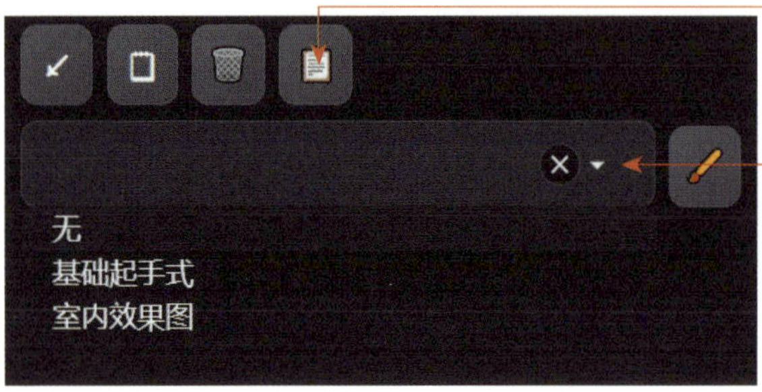

图4-9　选中预设

图4-9：创建提示词预设后，点击按钮操作区的预设下拉菜单选中“预设”，再点击上方“将所有当前预设纳入提示词”按钮，调用提示词。

五、预设提示词编辑

要对预设提示词进行修改和编辑，有两种方式可以选择。

（1）在Stable Diffusion主界面的按钮操作区点击“编辑预设样式”按钮，在弹出的预设样式窗口中的下拉菜单中选择想要编辑的预设，对预设提示词进行修改，完成之后点击“保存”按钮（图4-10）。

（2）在Stable Diffusion的根目录下找到名为“styles.csv”的文件，将其打开方式改为“用记事本打开”，双击进入文件。通过观察发现，“styles.csv”中的文本数据按照特定的格式排列，每个预设分为：预设名称、正向提示词、反向提示词3个字段，各字段之间以英文逗号分隔（图4-11、图4-12）。

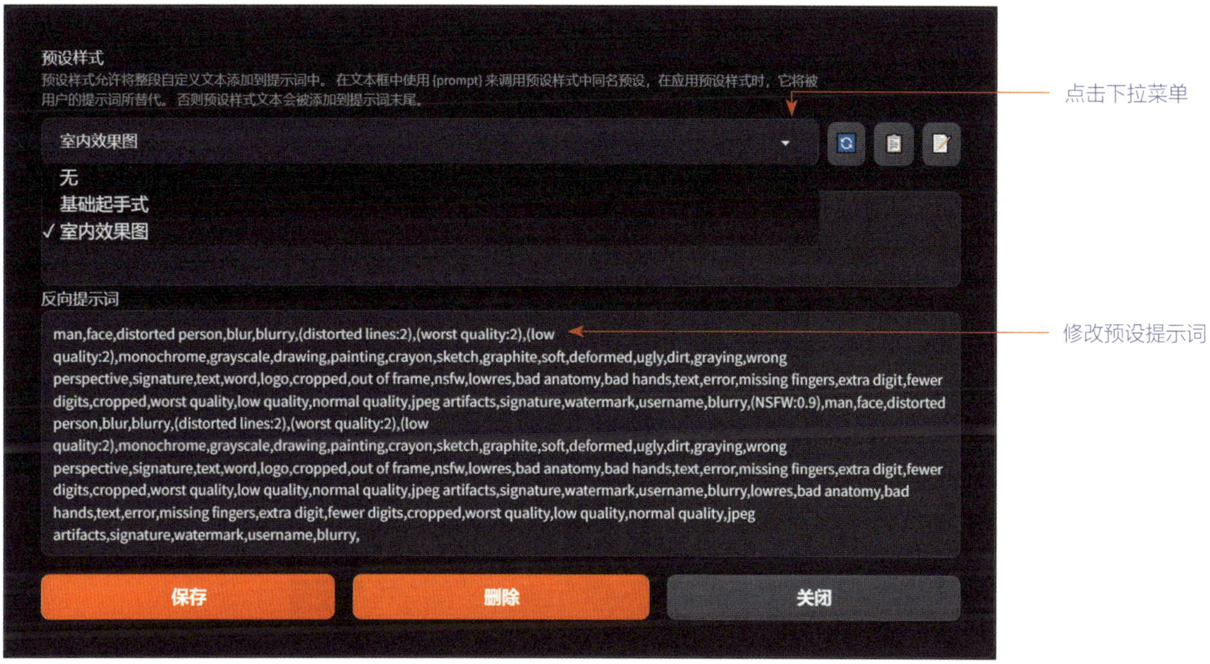

图4-10　编辑预设提示词

图4-10：来到预设样式窗口后，可对相关预设进行编辑修改，也可对其进行删除。

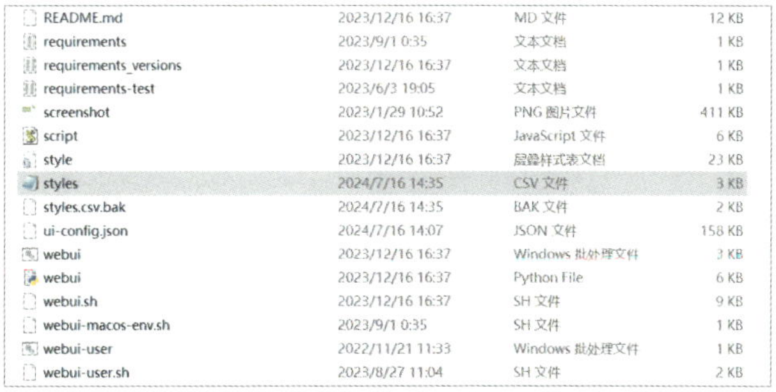

图4-11　Stable Diffusion根目录

图4-11：来到Stable Diffusion根目录，将其下拉到底部找到“styles.csv”文件。

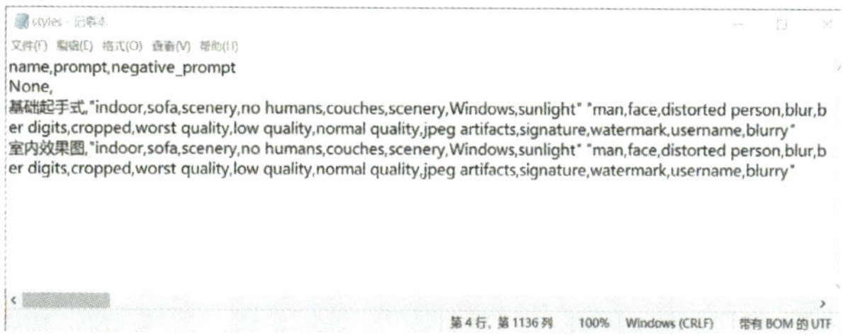

图4-12　打开“styles.csv”文件

图4-12：打开“styles.csv”文件，根据需要对提示词进行更改。更改完成之后，重启Stable Diffusion即可生效。

遵循这种格式编辑文本文档，对预设提示词进行修改。若需移除预设，直接删除相应的文本行即可。在编辑完成后务必保存更改，为防数据丢失，修改之前最好对原文件进行备份。

第二节　提示词语法格式

Stable Diffusion的提示词构建，实质上涉及一种自具特色的语法结构。这一结构并非仅仅由单词和逗号随意排列而成，相反，它要求编写者遵循特定的语法格式，以确保精确传达信息。凭借对这一体系的熟练运用，用户能够将自身的具体要求有效传递至Stable Diffusion，进而使得输出的图像效果更贴近预期目标，甚至能够呈现出独特的艺术效果。

一、词汇数量

提示词输入框右侧显示“0/75”计数，当输入提示词时，计数会随着提示词数量的增加而不断增长。提示词数量一般控制在75个单词内，超过该值后，靠前提示词的权重便会被分散，得到的图像可能不完全符合想要的效果。例如，用包含26个单词的文本生成图片，得到的效果如下（图4-13）。

提示词：8k，masterpiece（杰作），best quality（最佳品质），ultra highres（超高分辨率），1girl（1个女孩），open mouth（户外），solo（独自），black hair（黑发），white shirt（白衬衫），standing（站着），barefoot（赤脚），black skirt（黑裙子），tree（树），leaf（叶子），plant（植物），white flower（白花），wide shot（广角镜头），grocery store（杂货店），flowers（花），vines（藤蔓），lemons（柠檬），water（水），swimming pool（游泳池），sunshade umbrella（遮阳伞），cute cats（可爱的猫），road signs（路标）。

加入40个其他的提示词进行干扰，此时的提示词文本增长到66个单词（图4-14）：

提示词：suit（西装），tuxedo（燕尾服），formal dress（礼服），canonicals（晚会礼服），cocktail dress（燕尾裙），gown（外罩），sash（饰带），cheongsam（旗袍），print cheongsam（印

图4-13　提示词数量为26

图4-14　提示词数量为66

图4-13：生成画面与提示词的描述基本一致，包含女孩、游泳池、树丛、猫咪等画面元素。

图4-14：由于在提示词中加入了“城市”“外罩”“水手服”等词汇，导致人物的着装相较原来发生了较大的改变，同时，原来画面中猫咪、黑裙子的成分消失不见，游泳池变为水坑，说明随着新提示词的加入，先前输入的提示词在一定程度上被弱化。

花旗袍），wedding dress（婚纱），school uniform（校服），sailor（水手服），summer uniform（夏季制服），in spring（春天），day（白天），rain（下雨），full shot（全身），castle（城堡），city（城市），waterpark（水上乐园），carousel（旋转木马），ferris wheel（摩天轮），aquarium（天文馆），zoo（动物园），bowling alley（保龄球馆），art gallery（美术馆），museum（博物馆），planetarium（天文馆），swimming pool（游泳池），stadium（体育场），temple（寺庙），bus stop（巴士车站），train station（火车站），fountain（喷泉），playground（游乐场），front view（正面视角），from side（侧面视角），cinematic angle（电影角度），dutch angle（倾斜角度），phone booth（电话亭）。

二、权重强弱

Stable Diffusion图像生成机制中的权重概念至关重要，代表提示词对最终生成画面的影响力度。根据该模型的设计，各提示词初始权重被设定为1，而权重的大小与提示词在列表中的位置成正比，即越前置的提示词对画面的影响力越大，相对而言，位于列表后部的提示词对画面的影响则相对较弱。

在构建提示词列表时，应当优先考虑将核心要素的描述置于首位，以确保这些要素在生成图像中占据主导地位。而对于那些相对不那么关键的视觉元素，则可以将其描述移至列表末尾，从而降低其影响权重。这一策略有助于优化图像生成的整体效果，确保主要视觉特征的突出表达。分别输入提示词“A girl, coffee shop”和“coffee shop，A girl”，点击“生成”按钮，查看效果（图4-15）。

除了调整书写顺序，还可通过添加小括号“( )”和中括号“[ ]”的形式来控制提示词权重。

●给提示词套上“( )”。每叠加1层表示增加1.1倍权重，3层即增加至1.331倍权重。

●给提示词套上“[ ]”。每叠加一层表示降低1.1倍权重，3层即减少至0.751倍权重。

如果要更加快捷地对权重进行手动修改，可以采

（a）女孩权重高　　（b）咖啡厅权重高

图4-15　提示词位置对比

图4-15（a）：女孩在画面中所占的比重较大，给了上半身一个特写镜头，整幅图像的视觉中心聚焦在人物面部。
图4-15（b）：女孩在画面中所占的比重较小，面部距离镜头较远，图像重点突出了咖啡厅的布景与灯光效果。

（a）黄花权重低

（b）黄花权重高

图4-16 提示词权重对比

图4-16（a）：红花和草坪是画面的主体元素，所占比重很大，而黄色花朵几乎看不到。
图4-16（b）：黄花一跃成为画面中的主要表现对象，红花则退居次要位置。

用（x:0.5）的格式，权重的取值范围控制在0.4～1.6，过低容易被忽视，过高则会导致出图效果错乱。分别输入提示词“Garden, red flower, (yellow:0.4)”和“Garden, red flower, (yellow:1.6)”，点击“生成”按钮，查看效果（图4-16）。

三、混合语法格式

想要对多种画面元素进行混合，有3种方法可以采用。

●用“AND”对元素进行组合。“AND”是将输入的提示词特征融合在一起。

●用“|”对元素进行组合。分别输入提示词“red flower AND blue flower”和“red| blue flower”，点击“生成”按钮，查看效果。可以看出用“AND”组合的提示词将输入的红蓝两色融合。生成了紫色花朵图像，使用“|”组合的则是将不同颜色区分开来，生成了一朵蓝花和几朵红花（图4-17）。

●用“[ ]”＋“|”对元素进行混合。这种格式书写意味着在生成过程中对两种元素进行轮番绘制，相比“AND”融合效果更深入、全面。输入提示词“[dog|cat]”，点击“生成”按钮，查看效果。

（a）紫色花朵生成图

（b）红蓝花朵生成图

图4-17 “AND”和“|”格式对比

图4-17（a）：红蓝颜色混合得到紫色花朵，可以看出“AND”格式的生成原理是对不同的提示词特征进行融合，最终得到区别于二者的第三种形象。
图4-17（b）：红蓝颜色界限较为明显，对比十分鲜明，说明“|”格式是将两种提示词进行组合而并非融合。

图4-18　接近于狗

图4-19　接近于猫

图4-18：随机生成，得到的动物形象更接近于狗，保留了猫爪、胡须与狗的面部特征。
图4-19：随机生成，得到的动物形象更接近于猫，保留了狗的站立姿态与形体特征。

两张图同时保留了猫、狗的外表特征，一张接近狗，另一张则接近猫，多生成几批图片，选出自己满意的图像（图4-18、图4-19）。

四、渐变语法格式

渐变语法的主要作用是控制提示词的生效时间。主要格式为：[提示词A:提示词B:迭代值]。

●提示词A。这是画面的早期状态。

●提示词B。这是画面的后期状态。

●迭代值。这是迭代步数数值，表示画面从哪一步停止对提示词A描述内容的生成，开始生成提示词B，既可以填入数字，也可填入百分比。

输入提示词“[Forests:flowers: 0.7]”，表示前70%的迭代步数用于生成树林，后30%的迭代步数用于生成鲜花，点击“生成”按钮，查看效果（图4-20）。

除此之外，该格式还有其他衍生用法。[提示词:迭代值]格式表示到达一定迭代步数后开始生成括号内提示词描述内容，[提示词: 迭代值]格式表示在一定迭代步数到达之前生成括号内提示词描述内容。输入“Forests[flowers:0.7]”表示前70%的迭代步数用于生成树林，到达70%之后开始生成鲜花；输入“Forests[flowers: 0.7]”，表示前70%的迭代步数用于生成树林和鲜花，到达70%之后停止生成鲜花，点击“生成”按钮，查看效果（图4-21）。

第三节　提示词出图案例解析

通过对AI绘画提示词的精心设计，用户能根据个人意图灵活地调整输入指令，此举使得系统能够针对指定的关键词进行精确的语义分析。基于这些关键词的含义，系统将生成一系列相关联的视觉符号，从而增强作品与用户个人喜好的契合度。下面通过展示几个设计实例，进一步剖析该理论在实践中的应用。

一、混合头发染色

混合色彩的运用在人物造型设计上具有显著的创新意义，它通过在发丝中融入不同色调，为人物塑造带来时尚感。此类设计不仅强化了人物形象的魅力，还体现了个体对审美的个性化追求。下面采用“AND”的句法结构，旨在创造两套风格独特的混合发色视觉效果图，进而为人物造型设计领域增添新的视觉效果和创意灵感。通过这种方式，人物

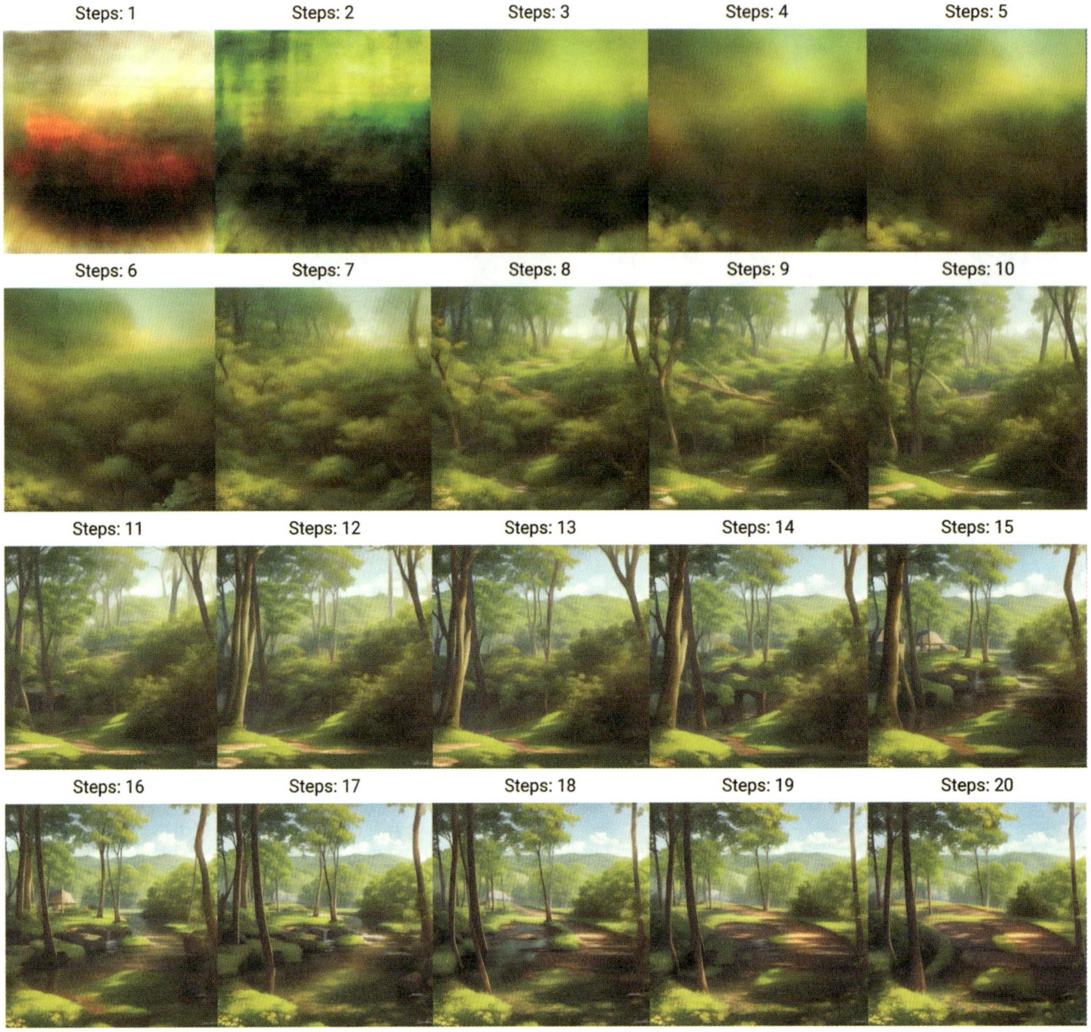

（a）树林场景生成步骤（迭代步数0~20）1

（b）生成效果

图4-20　树林场景生成图

图4-20（a）：用到的迭代步数为20，14之前绘制树林，14之后开始生成花朵的形态，场景的细节也不断完善，最终得到一张树林场景生成图。

图4-20（b）：由于花朵用到的采样步数较少，形态略显模糊，给人的感觉比较朦胧。

（a）树林场景生成步骤（迭代步数0～20）2

（b）生成效果

图4-21　树林场景生成图

图4-21（a）：用到的迭代步数为20，14之前绘制树林与花朵，14之后停止生成花朵，继续细化树林，最终得到一张树林场景生成图。

图4-21（b）：花朵经过迭代步数14的采样，形态已经比较完善，得到一张精美的树林场景生成图。

（a）红蓝混合发色　（b）棕绿混合发色　（c）粉紫混合发色

图4-22　写实人物头发混合染色

图4-22（a）：输入提示词“red hair AND blue hair”，生成饱和度较高的红蓝两色搭配，营造出强烈冲突感，形成对比鲜明的视觉效果。

图4-22（b）：输入提示词“brown hair AND green hair”，生成棕绿两色搭配，颇具高级感与时尚感。

图4-22（c）：输入提示词“pink hair AND purple hair”，生成粉紫两色搭配，新颖有趣。

（a）蓝白混合发色　（b）红蓝混合发色　（c）棕绿混合发色

图4-23　二次元人物头发混合染色

图4-23（a）：输入提示词“white hair AND blue hair”，生成饱和度较高的白蓝两色搭配，营造出强烈冲突感，形成对比鲜明的视觉效果。

图4-23（b）：输入提示词“red hair AND blue hair”，生成饱和度较高的红蓝两色搭配，营造出强烈冲突感，形成对比鲜明的视觉效果。

图4-23（c）：输入提示词“brown hair AND green hair”，生成棕绿两色搭配，颇具高级感与时尚感。

的整体造型得到极大的丰富，同时也在时尚感与现代感上实现了双重提升（图4-22、图4-23）。

二、混合科幻动物形体

通过精确的指令输入，Stable Diffusion能将用户的想象转化为视觉现实，生成带有奇幻特征的动物混合体。在此过程中，选取具有相似特征的动物进行混合，是确保图像和谐统一的关键。例如，拥有喙部的老鹰与企鹅，或者长有翅膀的小鸟与蝴蝶，都是理想的组合。若组合的动物缺乏共同特征，混合效果可能会出现不协调。通过使用“[ ]”+“|”的语法格式，生成3张科幻风格的动物混合效果图（图4-24）。

（a）老鹰混合企鹅　（b）猫混合兔子　（c）小鸟混合蝴蝶

图4-24　混合科幻动物

图4-24（a）：输入提示词“[eagle|penguin]”，将老鹰的头部与企鹅的身体组合在一起。
图4-24（b）：输入提示词“[cat|rabbit]”，将猫的头部与兔子的耳朵组合在一起。
图4-24（c）：输入提示词“[bird|butterfly]”，将小鸟的身体与蝴蝶的翅膀组合在一起。

三、园林景观效果图

园林景观设计在城市化进程中扮演着不可或缺的角色。在传统的设计模式中，设计师往往需要耗费大量时间与劳力进行手工制作，不仅效率低，而且过程烦琐。然而，随着Stable Diffusion的引入，设计师可以借助这一工具，实现更为便捷和高效的创作流程。

在运用Stable Diffusion进行园林景观设计时，设计师需依据具体的设计要求，精心选取并输入相关的提示性词汇，以描述景观的构成要素，如地形、植被、水体、建筑等基本元素。此外，还需对景观的整体风格及氛围进行详细描绘，以确保设计方案符合预期的审美需求（图4-25）。

（a）庭院景观效果图　（b）中心构图景观效果图　（c）局部特写景观效果图

图4-25　园林景观效果图

图4-25（a）：输入提示词“masterpiece, best quality, tree, grass, rock, garden with resting wooden platform with table and chairs on it, atrium bordered by buildings, light coming through the windows, optimal light and shadow, sunlight, shadow of trees on the ground”，生成庭院景观效果图。
图4-25（b）：输入提示词“masterpiece, best quality, central composition, garden, path, road, tree, red flowers, purple flowers, best quality, modern villa courtyard landscape design, luxuriant plant, fresh flower”，生成以中心点为基准的景观效果图。
图4-25（c）：输入提示词“masterpiece, best quality, garden, path, road, tree, red flowers, purple flowers, best quality, modern villa courtyard landscape design, luxuriant plant, fresh flower”，生成景观局部特写。

本章小结：

本章核心在于阐述提示性语言的基础理论和编写方式，同时对与之相关的附加功能和语法规范进行细致分析。通过深入探讨实践流程，结合图像资料与提示性文本，旨在指导读者有效运用所学，借助提示性语言，能够使用简明扼要的表述来传达创作意图，从而使得Stable Diffusion能够更准确地理解和生成图像。这种方法不仅有助于突破传统创作框架的限制，而且有助于推动人工智能创作与设计者创新需求相融合，产生符合其创意方向的艺术作品。

●课后练习

1. 提示词在生成图像的过程中起到了哪些至关重要的作用?

2. 提示词中包含了哪些关键内容? 其标准书写格式是怎样的?

3. 如何高效地保存和便捷地调用预设提示词?

4. 提示词的权重在图像生成过程中扮演着何种角色? 该如何精准控制提示词权重的调整，以达到预期的视觉效果?

5. 运用渐变语法常用格式，创作一幅风景图像，让艺术与自然完美融合。

6. 采用混合语法格式，尝试生成3～5张混合科幻动物图像，打破现实与幻想的界限，开启视觉新境界。

7. 通过精心书写提示词，生成3～5张中式传统园林景观效果图，将自然之美与人工之巧融为一体，展现园林艺术的独特魅力。

第五章

大模型与Lora

学习难度：★★★★☆

重点概念：模型、VAE、融合、Lora、训练方法、配合出图

章节导读：在Stable Diffusion的图像生成任务中，实现风格多变的图像创作，依赖对各类大模型的熟练运用。这些大模型通过深度学习训练形成程序代码集合，其中大模型与Lora在图像生成环节中尤为常用。恰当运用这些程序，可以创造出风格多样的图像作品。本章主要让读者掌握多种大模型的获取、应用及训练技巧。通过对大模型运作机制的深入剖析，读者将获得对大模型内在工作原理的深刻理解。借助这种理解以及灵活运用不同大模型与Lora，不仅能够创作出多样化的图像效果，还能在Stable Diffusion的操作技能上实现质的飞跃，进而提升图像生成技术的整体水平（图5-1）。

图5-1　不同模型的运用

图5-1：使用Lora模型生成特定效果的景观造型，通过同类型图片的投入训练，最终绘制出具备一定风格特征的图像。花朵造型的城市照明设置由玻璃制成，通体发光，颇具时尚感和设计感。

第一节　大模型

大模型是指那些参数庞大的数据模型，其存储容量一般为2GB~8GB，包含着极其丰富的数据信息。这类模型构成了Stable Diffusion算法生成高质量图像的核心，也成为其他模型功能实现的基础支架。

一、大模型介绍

在AIGC（人工智能生成内容）领域中，开发者通过大量数据的输入与指导，促使计算机呈现出智能化的特性。此过程中，计算机被训练从这些数据中提炼知识，并完成各类复杂任务。与此类似，Stable Diffusion的图像生成机制也基于此原理，通过引入多种图像对算法进行系统性训练，使其掌握不同图片信息特征的识别能力，从而实现图像生成。

经过训练后所形成的程序文件集合，称为大模型。与传统数据库存储大量直观原始图像不同，该模型存储的是图像特征经过转换后的代码，其性质更接近储存了丰富图像信息的高级智能实体。当用户输入特定的提示词时，模型能够自动筛选出相关的信息片段，并对其进行重组，最终生成图像。

在Stable Diffusion中，有两种应用较广的模型后缀，分别是“.ckpt”和“.safetensors”。

- .ckpt。即checkpoint的缩写，即“检查点”，它能够自动存储训练过程中不同时间点的数据，从而保障模型参数的保存。在训练过程中若出现异常，可以利用这些存储的数据恢复至特定阶段。.ckpt文件相对较大，这为后续的模型调整和融合提供了便利，有助于训练出更加精确的模型。
- .safetensors。这是一种新兴的存储格式，其特点在于仅保存模型的最终版本，省略了训练过程中的附加信息。这种设计使得.safetensors文件体积较小，加载速度更快，且减少了错误代码的出现。

目前.safetensors已成为Stable Diffusion大模型主要采用的存储格式（图5-2）。

二、大模型下载与安装

大模型的获取途径呈现多样化特征。用户可通过多种网络渠道，如Civitai、LiblibAI等在线社区，获取经过开发者精心训练与融合的模型资源。此外，直接在网络平台下载预整合的模型包也是一种便捷的方法（图5-3）。

在完成模型下载之后，使用过程直观简易。首先，需将大模型文件妥善存放于Stable Diffusion的安装目录中，具体为“models\Stable-diffusion”子目录。在该路径下，可进行大模型的删除或名称

女生0.4(pastelmix-fp16) + 0.6 (Counterfeit-V2.5_fp16) .ckpt_V 1.0.ckpt

BestQuality-PastelMix_ BestQuality-PastelMix. ckpt

AWPainting_ v1.2.safetensors [3d1b3c42ec]

sweetSugarSyndrome_rev10. safetensors

（a）.ckpt模型生成的图片

（b）.safetensors模型生成的图片

图5-2 .ckpt与.safetensors模型生成的图片

图5-2（a）：输入相同的关键词，运用不同的.ckpt模型能生成两种不同风格的图片。

图5-2（b）：输入相同的关键词，运用不同的.safetensors模型能生成两种不同风格的图片。

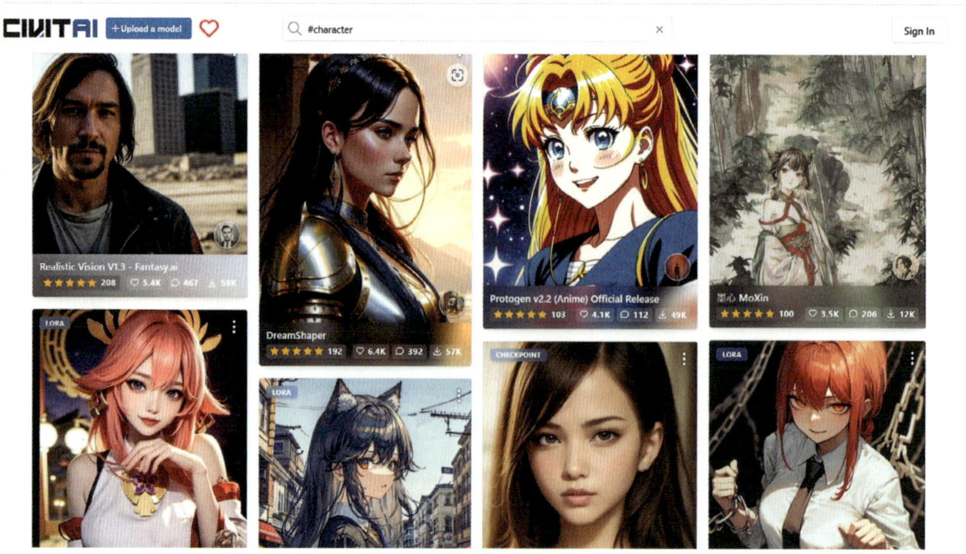

图5-3 Civitai模型网站

图5-3：Civitai汇集了众多Stable Diffusion模型创作者的作品，可在该网站上进行模型下载和训练。

修改等操作。值得注意的是，若在Stable Diffusion界面开启的状态下添加新的大模型，则必须刷新界面以识别新模型。具体操作为点击界面底部的“重载WebUI”按钮，随后页面将重新加载，即可在界面的左上角“Stable Diffusion模型”的下拉菜单中找到新加入的大模型（图5-4）。

三、大模型切换

在完成大型模型下载与安装步骤之后，接下来的任务是掌握各类模型的使用及切换方法。在Stable Diffusion的用户界面中，用户可以通过以下两种途径实现模型的切换操作。

（1）可在界面的左上角定位点击“Stable Diffusion 模型”下拉菜单，从中选取所需的大模型。此外，也可转向提示词输入区域下方的模型选项卡，这里展示了已下载的所有大模型名称。若需快速定位特定模型，还可在右侧的搜索栏内键入目标大模型的名称，系统将自动筛选匹配结果（图5-5）。

（2）如果要深入了解模型信息，可以将鼠标指针悬停于所选大模型上方，随后点击出现的“扳手”图标，激活模型信息窗口。在此窗口中，可以编辑模型描述、关联的VAE参数以及其他注意事项。如果想要查看模型相关信息，光标悬浮在对应模型上，点击“扳手”图标弹出模型信息窗口，可添加模型描述、对应VAE和注意事项。

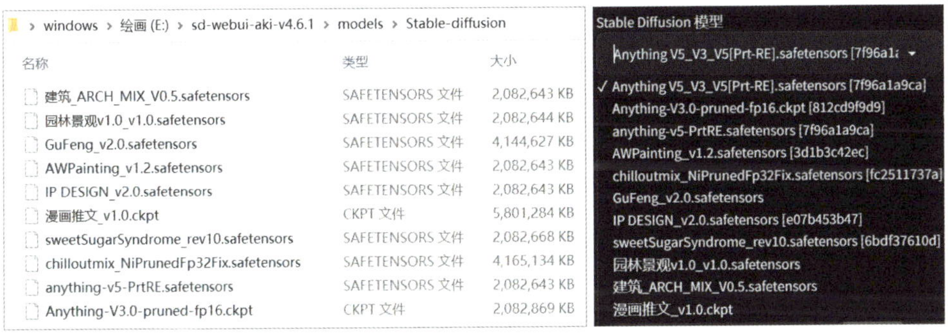

（a）大模型存放路径　（b）大模型下拉菜单

图5-4　大模型存放位置及查看方式

图5-4（a）：来到根目录下的“models”文件夹，名为“Stable-diffusion”的子文件夹就是大模型的存放位置。

图5-4（b）：点击Stable Diffusion界面左上角的下拉菜单，点击模型名称切换到需要的大模型进行生图。

（a）模型选项卡　（b）模型信息窗口

图5-5　模型切换方式

图5-5（a）：来到根目录下的“models”文件夹，名为“Stable-diffusion”的子文件夹就是大模型的存放位置。

图5-5（b）：可以在模型信息窗口输入提示信息或相对应的VAE，包括描述和注意事项，便于生图时进行识别和使用。

为了增强模型的识别度，添加预览图是一种有效手段。首先，访问根目录下的“models\Stable-diffusion”文件夹。然后，将所选图片拖拽至该文件夹内，确保图片名称与大模型的命名相匹配。最后，对WebUI进行重载，此时模型名称上方将自动显示与其对应的预览图像（图5-6）。

名称	类型	大小
AWPainting_v1.2	PNG 图片文件	288 KB
IP DESIGN_v2.0	PNG 图片文件	633 KB
GuFeng_v2.0	PNG 图片文件	759 KB
园林景观v1.0_v1.0	PNG 图片文件	828 KB
sweetSugarSyndrome_rev10	PNG 图片文件	627 KB
漫画推文_v1.0	PNG 图片文件	639 KB
anything-v5-PrtRE	PNG 图片文件	787 KB
chilloutmix_NiPrunedFp32Fix	PNG 图片文件	1,432 KB
建筑_ARCH_MIX_V0.5	PNG 图片文件	451 KB
Anything-V3.0-pruned-fp16	PNG 图片文件	913 KB
建筑_ARCH_MIX_V0.5.safetensors	SAFETENSORS 文件	2,082,643 KB
园林景观v1.0_v1.0.safetensors	SAFETENSORS 文件	2,082,644 KB

图5-6　添加模型预览图

图5-6：将模型所需的图像文件导入至模型存储目录中，并保持图像名称与模型名称的一致性，以便程序能够自动识别并使用该图像作为预览图。

四、SDXL大模型

SDXL大模型是StabilityAI公司推出的图像生成模型，该模型基于Stable Diffusion技术，旨在生成更高质量的人工智能图像。相较于先前的Stable Diffusion v1.5版本模型，SDXL在操作简便性、训练参数规模以及生成图像质量方面均有提升。SDXL模型的显著改进可概括为两个核心特征：分辨率的扩大与操作便捷性的增强。

SDXL大模型能够直接生成高分辨率图像。该模型采用1024像素×1024像素的图像素材进行训练，因此可以直出大图以实现更为清晰的视觉效果。早期版本的模型由于训练图像以512像素×512像素为主，导致生成高分辨率图像时，常常出现人物形象的混淆，这主要是因为AI错误地将其解读为同时输出多幅图像。

在操作便捷性的提升上，SDXL模型的训练参数得到了显著增加，从而降低了使用难度，提升了用户操作的友好性。如支持输入长句来直接描述画面，而无需将文本描述拆分成单个提示词，图像的生成质量进一步提高，出现坏手、坏脸的概率大大降低，此外还有生成文字、切换艺术风格等功能（图5-7）。

（a）写实风格　　（b）特定画风

图5-7　SDXL模型生图效果

图5-7（a）：提示词为“an astronaut walking on the moon”，生成写实风格宇航员图像，画面细节非常丰富。
图5-7（b）：提示词为“an astronaut walking on the moon, art by Vincent van Gogh”，生成仿凡·高风格图像，笔触十分真实。

常见的SDXL模型大小在6.4GB以上，WebUI需更新到1.5及以上版本。目前，Civitai、LiblibAI等网站社区上已经有不少开发者发布的SDXL大模型，基本都是在官方推出的SDXL1.0大模型的基础上加入少量的训练数据微调而成，用户可以自行选择安装。这里示范SDXL1.0大模型的安装流程。

SDXL1.0大模型分为base和refiner两部分，base模型用于文生图，Refiner用于精炼图像，提升图像的饱和度和细节，二者均可在互联网上搜索下载。如果硬盘空间不足可以只安装base模型，模型文件下载完成之后放入根目录中的models\Stable-diffusion文件夹。

安装完成之后重启WebUI，就可以在界面最上方的“Stable Diffusion 模型”下拉菜单中看到刚才下载的两个SDXL模型，切换到refiner模型进行使用（图5-8）。

提示词输入框中打入“a girl, realistic”，将图片尺寸改为1024像素×1024像素，采样方法选择DPM++类采样器，这里选择DPM++2M Karrass，由于SDXL大模型对迭代步数的要求较高，这里迭代步数开到40，生成图像并查看效果（图5-9）。

可以看到，相比Stable Diffusion v1.5版本模型，SDXL模型在生图质量上确实有了比较大的进步。

1. 生成带文字图像

使用SDXL大模型能够直接生成包含标准文字的图像，在商业领域可以发挥出更广泛的用途，为用户省去了很多后期工作，如输入提示词“A little girl in a hat with "SDXL" written on it”，点击“生成”按钮。对比使用Deliberate_v2.safetensors模型生成的图像效果，差距一目了然（图5-10、图5-11）。

2. 改变艺术风格

在SDXL大模型出现之前，想要满足生成不同画

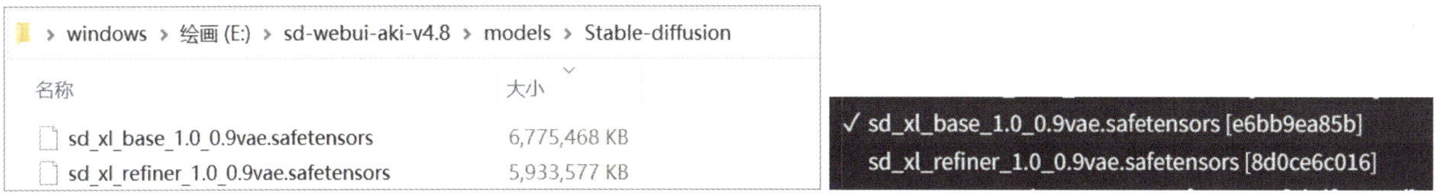

（a）模型存放位置

（b）模型切换方式

图5-8 SDXL模型下载

图5-8（a）：模型存放位置与之前下载的大模型位置一致。
图5-8（b）：模型下载完成之后，需重启WebUI才能使用。

图5-9 人物头像

图5-9（a）：写实风人物头像，人物刻画生动鲜活。
图5-9（b）：图中人物的皮肤质感表现细腻，效果堪比真实摄影。

（a）SDXL模型　　（b）Stable Diffusion v1.5模型

图5-10　儿童头像

图5-10（a）：使用SDXL模型生成的小女孩，头顶帽子上标注着“SDXL”四个字母，毫无违和感，解决了其他版本模型无法生成清晰文字的痛点。

图5-10（b）：v1.5版本模型生成的图像直接回避了文字的表现，小女孩的帽子上空无一物。

（a）SDXL模型　　（b）Stable Diffusion v1.5模型

图5-11　猫与文字

图5-11（a）：输入提示词“a cute cat holds a paper with text‘SDXL’, professional photography”，得到一只小猫手拿写有“SDXL”纸张的图像，文字边缘清晰。

图5-11（b）：在使用同样提示词的情况下，v1.5模型无法按照提示词中指定的文字信息精准生成，只能在纸上看到乱码。

风图像的需求，需要准备6～10款大模型和非常多的Lora，占用计算机储存空间的同时切换也比较麻烦。现在有了SDXL大模型，基于其庞大的训练数据，用户可以真正实现使用同一模型绘制各种不同风格的图像。

首先，下载插件SDXL Style，用于切换不同的风格来绘制图像。插件可在互联网上搜索网址链接，复制到“扩展—从网址安装—扩展的git仓库网址”进行安装（图5-12）。

然后，来到SDXL Style板块界面，可以发现

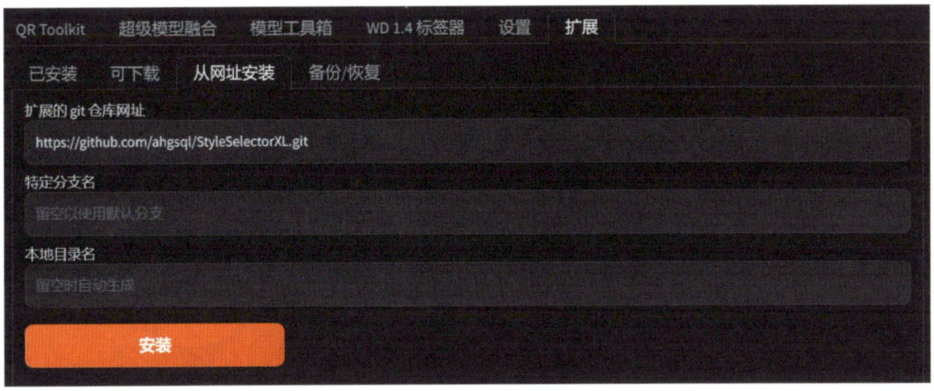

图5-12　安装SDXL Style插件

图5-12：可以选择从网址安装，也可以在“已安装”选项卡中搜索“SDXL Style”找到该插件进行安装。

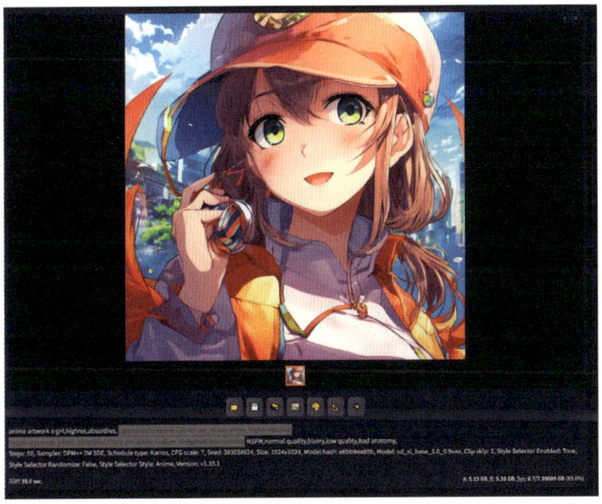

图5-13　动漫风格生成图

图5-13：SDXL Style的作用在于根据用户所选择的风格样式自动补足提示词，让设计师能够更加方便地获得想要的图像效果。

“样式”下方有诸多风格选项。选中喜欢的风格样式后，勾选“启用样式选择器”，输入相关提示词，即可生成期望的风格图像。这里使用Anime（动漫）样式，输入提示词“a girl”，点击“生成”按钮，查看效果（图5-13）。

查看生成图下方的提示词信息，发现在原有的提示词后多出了一段提示词文本，这就是SDXL Style Selector插件根据选中的风格样式自动补充的提示词，辅助用户生成更加符合需求的图片（图5-14）。

虽然使用SDXL大模型和插件SDXL Style能够生成众多艺术风格的图像，但当现有的图像风格或质量无法满足生成需求时，还是需要搭配Lora使用。Lora模型必须下载XL版本，否则无法与SDXL大模型配合使用（图5-15）。

（a）Abstract（抽象）　（b）Impressionist（印象派）　（c）Advertising（广告摄影）

图5-14　不同风格样式生成图

图5-14（a）：抽象风格，绚丽的色彩与众多几何形态构成整幅画面，适合作为艺术插图。
图5-14（b）：印象派风格，能看出走向不一的颜料笔触，模拟真实绘画产生的种种效果。
图5-14（c）：广告摄影风格，布景和打光与实地拍摄的宣传广告十分相似。

（d）Cinematic（电影）　（e）Photographic（摄影）　（f）Comic Book（漫画书）

图5-14（d）：电影风格，模拟逆光拍摄而形成的圆形光斑，充满氛围感。
图5-14（e）：摄影风格，人物表现细腻真实。
图5-14（f）：漫画书风格，线条清晰的黑白漫画风格。

（a）唯美画风　（b）扁平画风

图5-15　Lora生成古风人物插画

图5-15（a）：提示词为“1girl, black eyes, long hair, super precise depiction, (flowers), multiple colors, high definition, illustration”，用到的Lora为“新疯狂的色彩New Crazy Colors-马丁”。
图5-15（b）：提示词为“national customs, Illustrated, 1girl, black eyes, long hair, super precise depiction, (flowers), multiple colors, high definition, rich in intricate details, 8K, illustration, crazy colors, ”，用到的Lora为“Muertu XL”。

3. 图生图精炼图像

使用base模型出完图之后，应当使用Refiner模型进行细化，调整图像的画面细节与饱和度。因此还需下载插件Refiner，用于在出图过程中切换refiner模型使其生效，模型下载地址为“https://github.com/wcde/sd-webui-refiner.git”，复制到“扩展—从网址安装—扩展的git仓库网址”进行安装（图5-16）。

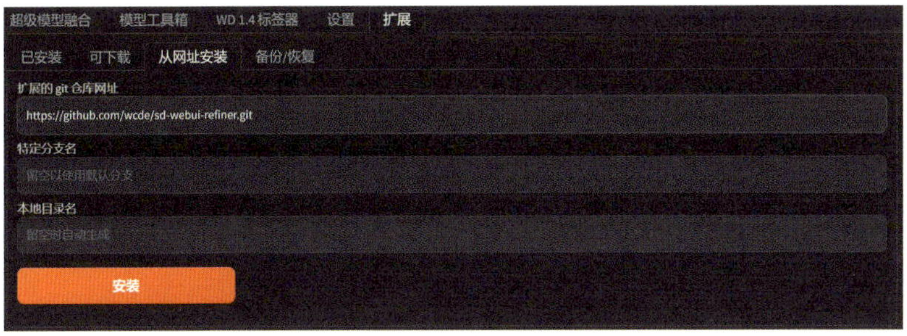

图5-16　安装Refiner插件

图5-16：可以选择从网址安装，也可以在“已安装”选项卡中搜索“Refiner”找到该插件进行安装。

安装完成之后，来到文生图“高分辨率修复”旁的Refiner插件面板，在模型下拉菜单中选择“sd_xl_refiner_1.0_0.9vae.safetensors”，其余参数保持默认。

以生成油画风格的图像为例，开启Refiner插件后原先朦胧的感觉有所消失，笔触的痕迹更加明显，局部细节得以强化。因此，遇到出图模糊、画面灰暗的情况时可以开启Refiner插件精修图像，提升质感（图5-17）。

五、VAE大模型

变分自动编码器（VAE）构成了一种特定的人工神经网络架构，其核心功能在于对大模型进行精细的效果调整，此过程与图像编辑软件中的滤镜功能具有相似之处，旨在优化生成图像的饱和度水平。在当前的技术环境中，网络上获取的多数大型模型已内置VAE模块，无需独立下载。

然而，如果发现生成的图像在色彩表现上存在不足，或希望探索更为多样的滤镜效果，则可通过互联网上的多种资源平台，下载个人偏好的VAE模块，并将其存储于根目录下的“models\VAE”文件夹内（图5-18）。

VAE模型可通过“外挂VAE模型”这一中央下拉菜单进行浏览。系统默认提供的VAE模型包括“animevae.pt”以及“vae-ft-mse-840000-

（a）开启Refiner之前　　（b）开启Refiner之后

图5-17　Refiner插件精修图像

图5-17(a)：开启Refiner之前的图像，不同颜色之间的过渡比较柔和，画面效果略显朦胧。
图5-17(b)：开启Refiner之后的图像，Refiner模型强化了图像的局部细节，使模拟的手绘笔触更为突出。

（a）VAE模型存放路径　　（b）VAE模型下拉菜单

图5-18　VAE模型存放位置及查看方式

图5-18（a）：来到根目录下的“models”文件夹，名为“VAE”的子文件夹就是大模型的存放位置。
图5-18（b）：点击Stable Diffusion界面上方的下拉菜单，点击模型名称切换到需要选择的模型进行生图。

（a）大模型适配VAE　　（b）大模型不适配VAE

图5-19　选择适配的VAE模型

图5-19（a）：选择大模型适配的写实风VAE模型，色彩效果鲜艳自然，画面细节得到强化。
图5-19（b）：选择大模型不适配的二次元VAE模型，画面色彩暗淡不自然。

ema-pruned.safetensors”两个选项，它们适用于大多数应用场景。

●animevae.pt。适合二次元画风大模型，效果鲜艳。

●vae-ft-mse-840000-ema-pruned.safetensors。适合写实风格大模型，效果柔和（图5-19）。

六、大模型融合

在追求Stable Diffusion基础大模型的过程中，从零开始构建是理论上的一种优选路径。该路径要求广泛收集图像素材，构建一个高标准的数据集，并依赖高端GPU算力完成大规模模型的训练任务。这种做法虽然理论上可行，但是对计算机有较高的配置需求，因此，大模型的融合方法应运而生。此方法通过整合现有的官方模型或由设计师所开发的模型，进而创建出新的大模型，不仅降低了资源与时间的投入，而且能够基于现有的成果，实现模型的优化与扩展。

在界面顶部找到“超级模型融合”，如果没有安装这款插件，在互联网搜索网址链接，复制到“扩展—从网址安装”进行安装（图5-20）。

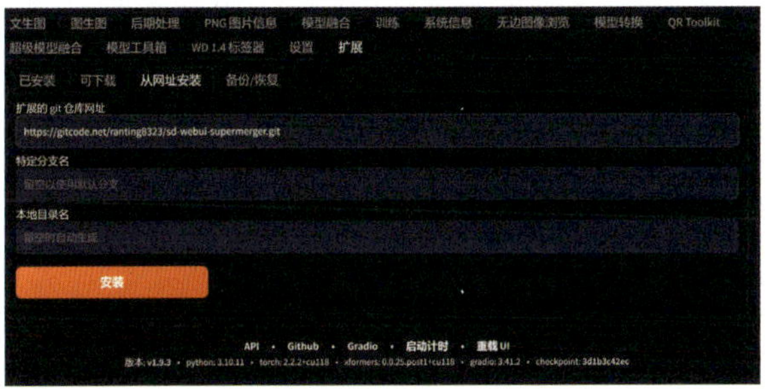

图5-20　安装扩展插件

图5-20：输入地址后点击安装，重载后在此打开界面即可看到“超级模型融合”选项卡。

打开超级模型融合的操作界面，“配置加载自”意为使用上次设置的训练参数，merged model ID相当于模型的随机种子，记录训练模型时所使用的信息。Model A\B\C用于选择需要融合的几个模型，点击下拉菜单可以看到已经下载的大模型，这里“模型A”选择“AWPainting_v1.2”，“模型B”选择“anything-v5”，作为融合示范。融合算法就是模型的融合方式，这里使用“加权和”（图5-21）。

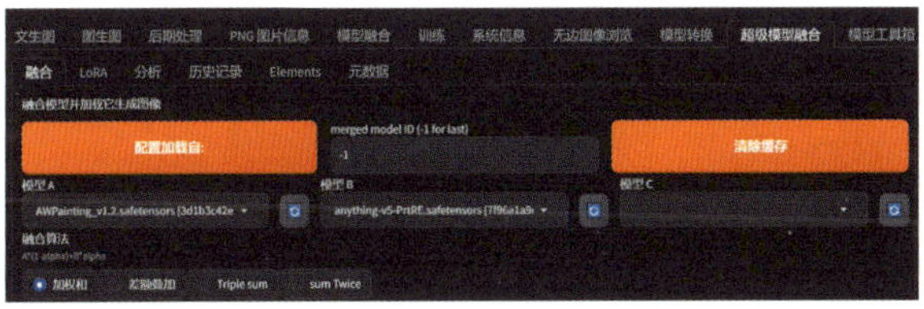

图5-21　基础设置

图5-21：融合算法下方显示模型融合的计算公式，配合alpha值进行选择。

●加权和。计算公式为A*(1-alpha)+B*alpha，alpha指模型权重，若alpha=0.4，A模型占0.6的权重，B模型占0.4的权重。

●差额叠加。计算公式为A+(B-C)*alpha，是去除A模型与B模型的相同内容，指定权重并加入A模型的特性。

●Triple sum。计算公式为A*(1-alpha-beta)+B*alpha+C*beta，是指定B模型与c模型的权重后自动分配c模型的权重，支持3个大模型的融合。

●sum Twice。计算公式为(A*(1-alpha)+B*alpha)*(1-beta)+C*beta，同样支持3个大模型的融合。

●Calcutation Mode。这是模型融合的计算方式，涉及数学函数，新手使用时保持默认的正常选项。

●alpha。由于使用的是加权和的融合选项，alpha值设为0.25，让模型A保留更多的权重。

●使用分块合并。指采用分层方式融合模型，开启后设置的alpha值和beta值不起作用（图5-22）。

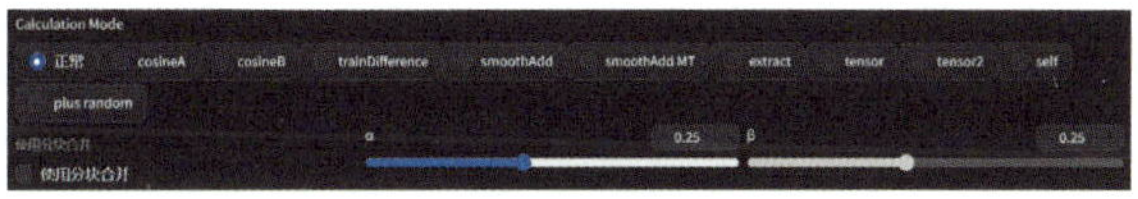

图5-22　Calcutation Mode与使用分块合并

图5-22：对 alpha值和beta值进行设置，由于选择的融合算法的计算公式中只包含 alpha值，只设置好该值即可。

●选项。用于控制模型的输出格式，勾选“safetensors”表示导出为safetensors文件，填写自定义名称为“ronhe”，保证融合完成之后能够得到独立大模型（图5-23）。

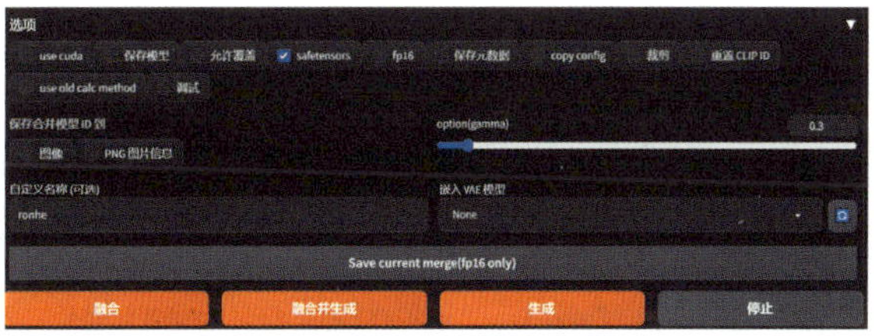

图5-23　选项设置

图5-23：由于用于融合的两款模型自带VAE，“嵌入VAE模型”不进行选择。

●权重设置。选项卡用于对模型融合的分层数据进行调节，由于之前已经设置好了“alpha”值，这里保持默认参数（图5-24）。

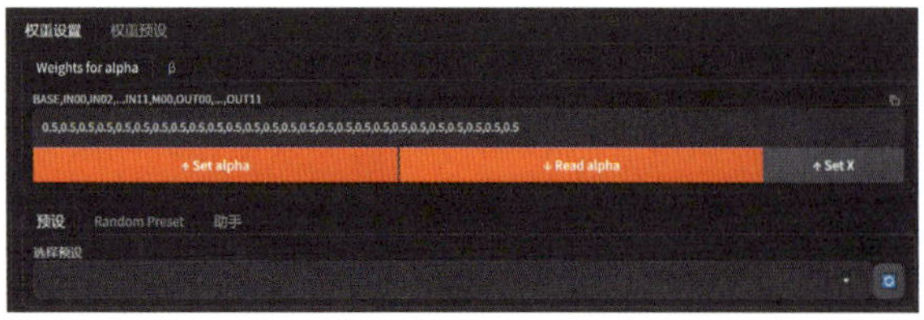

图5-24 权重设置

图5-24："Weights for alpha" 用于设置分层的alpha权重。

●XYZ图。和脚本中X/Y/Z图表一样，通过对不同的参数进行更改，最终得出最适合模型的参数组合。例如，将"X 轴类型"设置为alpha，"number of-1"设置为3，"X轴值"输入0.25、0.5、0.75，就能进行3次生成，每一次生成，模型的权重都有所变化（图5-25）。

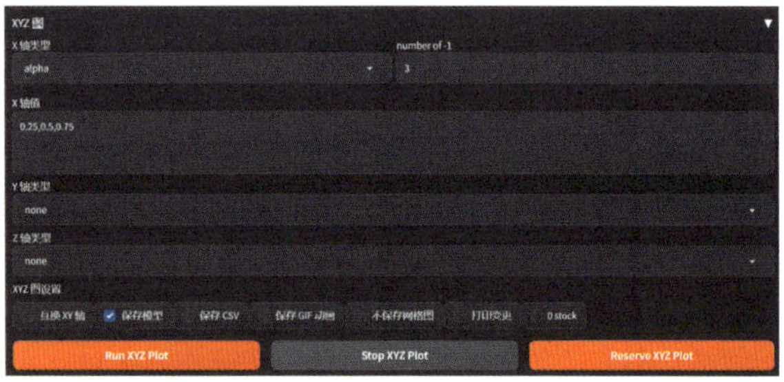

图5-25 XYZ 图

图5-25：默认的X轴值为0.25，0.5，0.75，也可自行修改。

●生成参数。用于输入模型提示词，用来比对融合模型的生成效果，这里输入常规参数，"单批数量"设为4批，点击右侧"融合并生成"按钮，查看融合效果（图5-26）。

界面右侧窗口出现预览图，说明模型融合完成，此时重载WebUI，即可调用刚刚生成的融合模型（图5-27、图5-28）。

图5-27 融合模型

图5-27：生成4张模型效果图，图片上方显示模型融合的计算公式与存放路径，以便实时预览检查。

名称	类型	大小
anything-v5-PrtRE.safetensors	SAFETENSORS 文件	2,082,643 KB
AWPainting_v1.2.safetensors	SAFETENSORS 文件	2,082,643 KB
chilloutmix_NiPrunedFp32Fix.safetensors	SAFETENSORS 文件	4,165,134 KB
GuFeng_v2.0.safetensors	SAFETENSORS 文件	4,144,627 KB
IP DESIGN_v2.0.safetensors	SAFETENSORS 文件	2,082,643 KB
Put Stable Diffusion checkpoints here	文本文档	0 KB
ronhe.safetensors	SAFETENSORS 文件	2,082,643 KB
sweetSugarSyndrome_rev10.safetensors	SAFETENSORS 文件	2,082,668 KB
建筑_ARCH_MIX_V0.5.safetensors	SAFETENSORS 文件	2,082,643 KB
漫画推文_v1.0.ckpt	CKPT 文件	5,801,284 KB
园林景观v1.0_v1.0.safetensors	SAFETENSORS 文件	2,082,644 KB

图5-28 调用模型

图5-28：融合得到的模型被放置在根目录下方的"models\Stable-diffusion"文件夹中，可以随时调用。

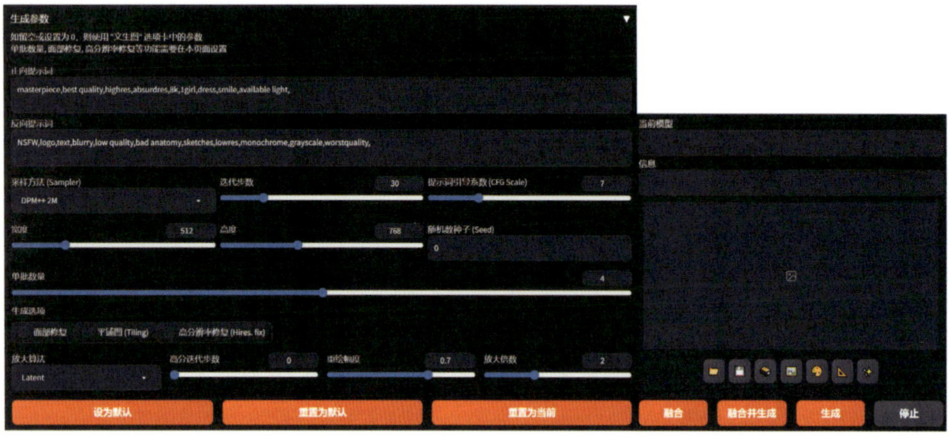

图5-26 设置生成参数

图5-26：生成图片时比较常用的参数设置，设置完成后可将其设为默认以便下次融合时继续使用。

第二节　Lora

Lora是一种微调模型，嵌套于Stable Diffusion大型模型架构中。其存储容量普遍介于几十至数百MB之间。由于具备快速下载的特性，以及便捷的应用方式，Lora能够兼容多种不同配置的计算机系统。

一、Lora介绍

Lora模型以其较小的体积和独特的功能脱颖而出。该模型的核心职能在于对大型模型进行风格上的细微调整，并且具备创造定制化服装、人物形象及光影效果等多重视觉元素的能力。不同于独立运作的模型，Lora需依托于更大型的模型以生成图像，这一特性使其在存储和计算成本上展现出明显的优势。即便在计算机资源有限的环境中，Lora模型也能够被高效加载和应用，从而避免了存储空间不足或计算资源过度消耗的问题。

模型的获取途径主要通过网络社区和各大网站，下载后需将模型文件放置于程序根目录下的models\Lora文件夹中。随后，重启WebUI界面，便可在模型选项卡的相邻位置找到Lora选项卡，进而查看和管理已安装的模型（图5-29）。

（a）Lora存放路径

（b）查看Lora

图5-29　Lora的存放和查看

图5-29（a）：在该文件夹中存放Lora，右键可对lora名称进行修改，添加新的Lora后，需要重载WebUI才能调用。

图5-29（b）：Lora的查看和调用都在Lora选项卡中完成，搜索名称、添加预览图等操作方式和大模型一致。

二、权重设置

通过在交互式界面中激活Lora模型的标识，可迅速将其集成至正向提示词的输入域。将Lora模型自动应用于图像生成流程，其名称被置于尖括号之中，并在输入框中呈现，随后跟随“:1”，用以表征该模型当前的权重级别。为了调整权重参数，可直接在输入域内对显示的数值进行修改（图5-30）。

图5-30　Lora权重设置

图5-30：直接选中冒号之后的数字进行修改，即可调整Lora权重。

权重最高为1，最低为0，为防止与大模型效果产生冲突，保持在0.6～0.8比较合适，以模型创作者给出的生成参考为准（图5-31）。

三、Lora混用

原模型的核心特质得以保留的同时，用户可借助多个Lora模型，实现风格的个性化迁移。用户可通过选择所需的Lora模型，并逐个将其添加至正向提示词的输入区域，从而混合应用多个Lora。在此过程中，权重的调节至关重要，若希望某个Lora在生成图像中占据主导，需适当提高其权重，确保其在众多Lora中脱颖而出，发挥主要作用。通过这种

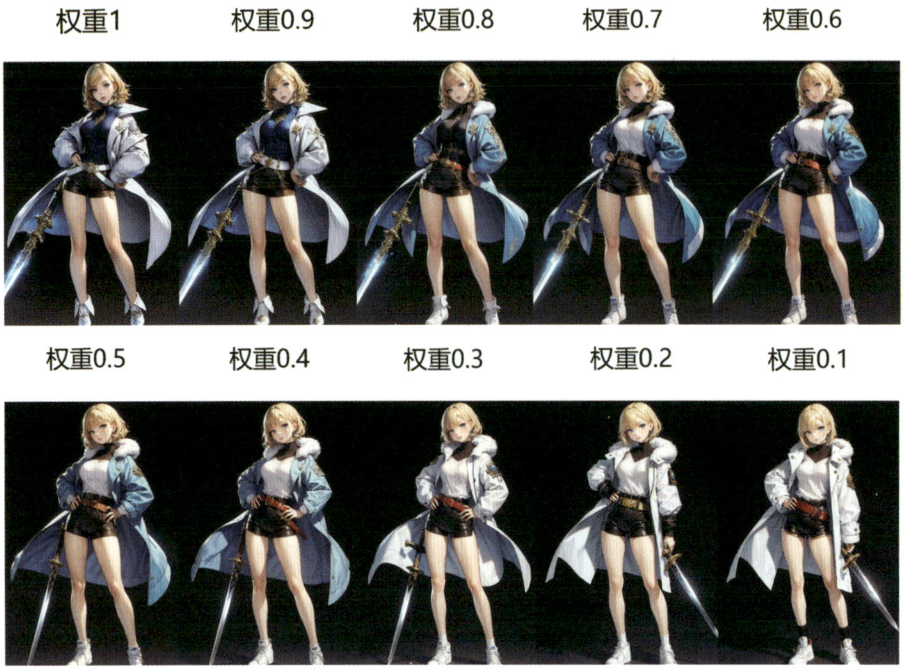

图5-31 Lora权重与设置方法

图5-31：固定随机种子，观察不同Lora权重下游戏角色立绘的生成效果，按照权重从高到低依次排列。Lora偏向于3D厚涂风格，其存在感随权重的降低不断减弱，大模型本身的风格特征逐渐增强，人物的外观越来越偏向于二次元画风，权重降为0.1时，Lora模型失去作用。

（a）壮族服饰　（b）哈萨克族服饰

图5-32 Lora混用

图5-32（a）：壮族服饰Lora配合国风Lora生成图像，充分保留民族服饰特色的同时富有装饰美感，十分华丽。

图5-32（b）：哈萨克族服饰Lora配合国风Lora生成图像，搭配写实风模型形成别样风格，服装质感表现优异。

方式，设计师能够在不同Lora的协同下，创造出多样化的视觉效果（图5-32）。

四、Lora训练

在对比大型模型时，Lora模型展现出独有的优势。例如，其训练周期明显较短，即便在数据量有限的前提下，也能在数小时内完成模型的训练。此外，训练所得的Lora模型不会对存储资源造成巨大压力，且在使用时具有较高的便捷性。在模型训练阶段，仅需要投入少量的图像资料，便能迅速实现预期风格特征的塑造。下面介绍一种扁平画风Lora模型的训练过程。

1. 准备素材

准备20张或以上用于Lora训练的图片素材，分辨率不低于512像素×512像素，小尺寸图片可以采用后期处理功能进行放大。这里准备了48张扁平画风的人物素材图片用于训练（图5-33）。

2. 处理素材

批量调整图片素材尺寸的实践中，Photoshop软件与Birme在线平台均提供了便捷的解决方案。首先，在Birme网站上，选择适当的图片存储路径，即

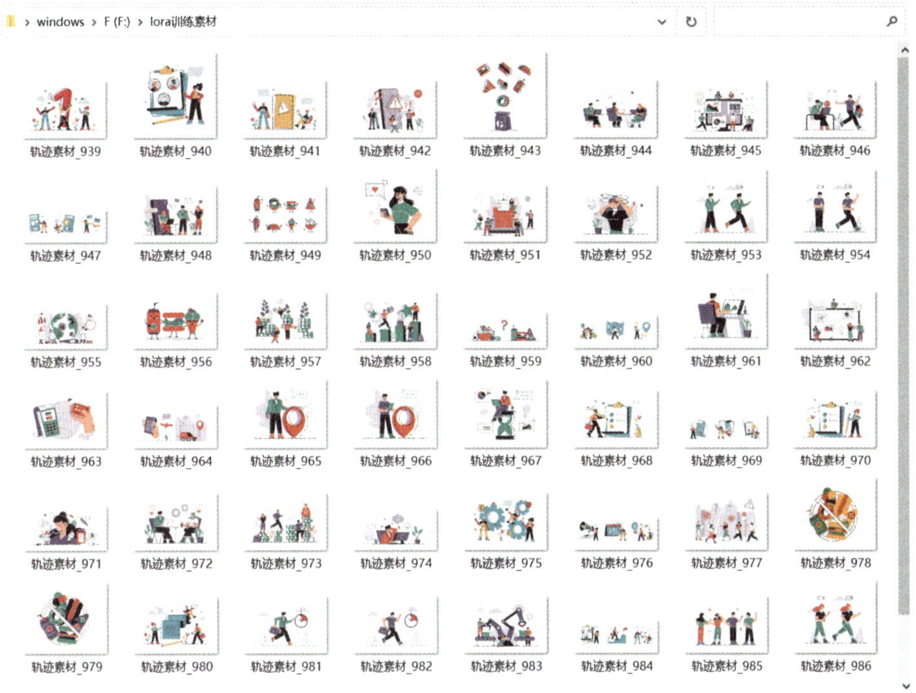

图5-33　Lora训练素材

图5-33：准备了48张扁平风插画图像，宽高尺寸均高度不低于512像素，且多为横向构图。

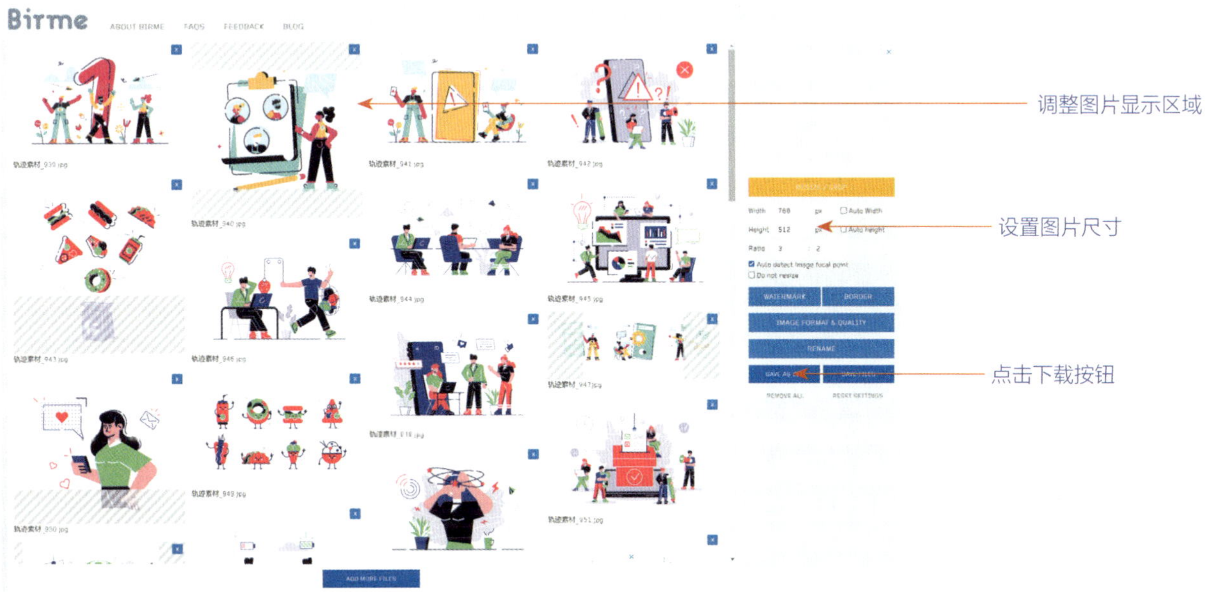

图5-34　Birme处理网站

图5-34：将图片素材导入网站，左侧区域用于调整图片显示区域，右侧区域用于调整图片相关参数，按照需求进行设置。

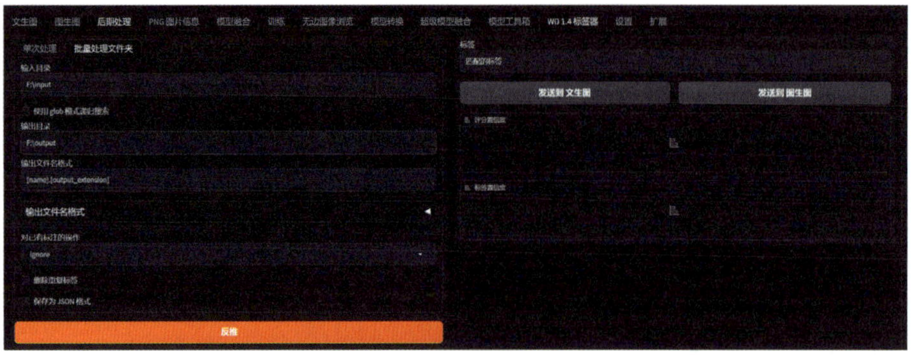

图5-35　WD1.4标签器

图5-35：在WD1.4标签器选项卡下找到“批量处理文件夹”，对图片素材进行批量打标，其原理和图生图中的反推提示词功能一致。设置输入路径后，其他参数保持默认，点击“反推”开始打标。

可在网页界面中预览所有素材。然后，在指定尺寸的输入框内，根据需求设定图片尺寸，如采用768×512像素格式，同时确保尺寸为64的倍数。接着，拖动图片显示区域，确保图像的关键部分得到妥善保留。最后，点击“保存为ZIP”按钮，即可将处理后的图像压缩并下载，以供后续使用（图5-34）。

3. 打标图片

首先，将所需的图像素材下载后进行解压，并将其放置于指定的文件夹内。然后，启动Stable Diffusion软件界面，定位至WD1.4标签器功能。如果在界面上未能发现WD1.4标签器，可通过“扩展”选项下的“从网址安装”功能进行插件安装。具体操作为，在安装栏中输入以下网址：“https://github.com/picobyte/stable-diffusion-webui-wd14-tagger”。接着，在“输入目录”中填写图像素材的存放路径F：/input，而“输出目录”则填写F:/output。此外，需将标签文本存放于图像素材所在的文件夹内，维持其他参数的默认设置。最后，点击“反推”按钮，从而启动从图像内容中逆向推导出提示词作为标签的过程（图5-35）。

4. 修改标签

文件中的图像标签需要进行精细调整，以提升其精确度。图像的提示词标签虽已初步建立，但尚需进一步的人工校正。在文本文件中，这一过程涉及对标签的增删和修改。其中，触发词是指图像的恒定特征，需从文本中移除，如果期望生成的图像均为白色背景，则在文本中删除“white background”描述词则是对图像当前内容的详细阐述（图5-36）。

图5-36　修改标签

图5-36：文本标签存储于记事本文件中，其命名与图片素材相匹配，用户可通过双击文件名进行编辑和更改。

5. 安装训练工具

在互联网上搜索“Lora-scripts”并下载，安装Lora-scripts训练工具（图5-37）。

6. 置入训练素材

进入Lora-scripts文件根目录下的“train”文件夹，在其中新建文件夹并将其命名为“bianping”，在文件夹中创建文件夹，命名为20_bianping，命名格式为训练轮数+“_”+Lora模型名称，完成后将训练素材粘贴到此（图5-38）。

7. 置入训练模型

来到根目录下的“sd-models”文件夹，从Stable Diffusion根目录下的models-Stable-diffusion文件夹中将训练要用到的基础模型粘贴到此，这里使用的是Stable Diffusion原生二次元模型anything-v5，使用原生模型训练泛化性较高，与不

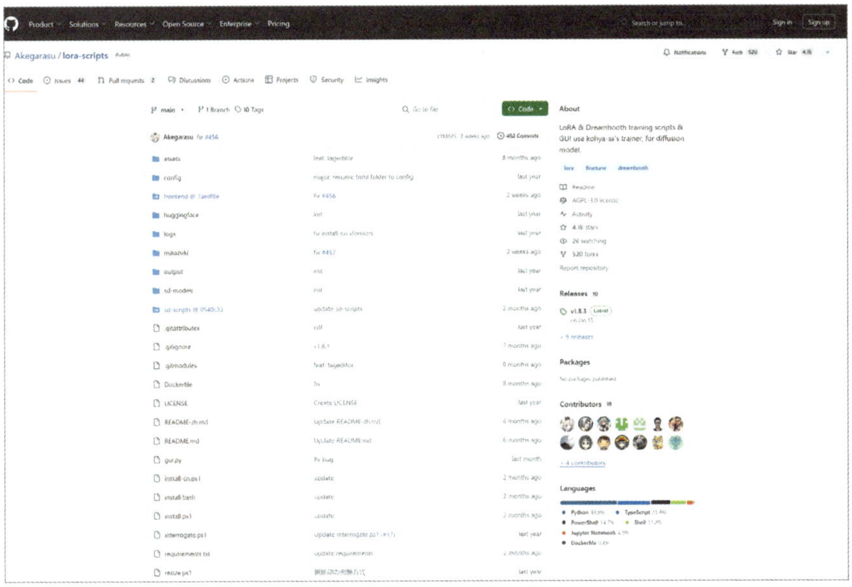

图5-37　安装Lora-scripts

图5-37：来到指定网址安装训练工具，或直接下载Lora-scripts整合包。

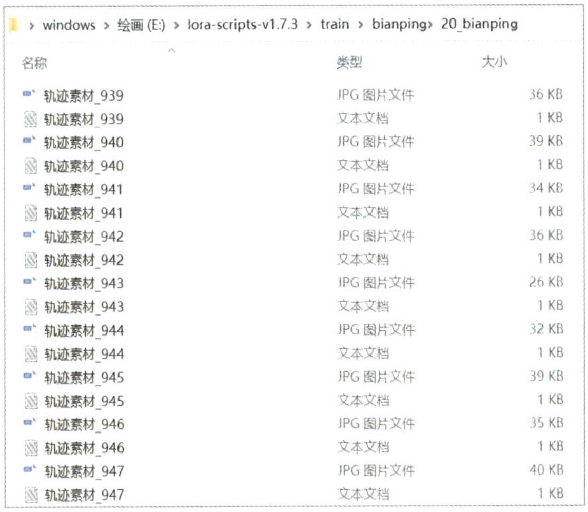

图5-38　置入训练素材

图5-38：在“train”文件夹下方创建文件夹存放训练素材，文件名中加入训练轮数，轮数不需要太多，10～20即可。

同大模型搭配效果都很好（图5-39）。

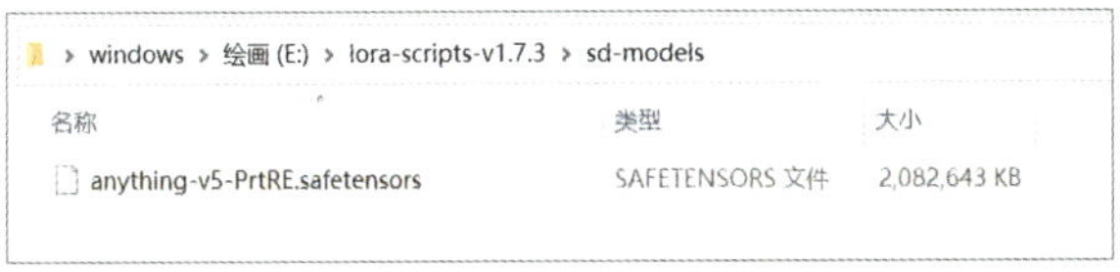

图5-39　置入训练模型

图5-39：尽量选择官方模型作为训练底模，搭配其他大模型时不会产生冲突。

8. 启动程序

启动Lora-scripts，来到训练网页，点击“Lora训练—新手选项卡”，在“训练用模型”下方输入大模型存放路径，在数据集设置中输入训练素材存放路径。在“resolution”中输入训练图片的分辨率大小（图5-40）。

9. 填写训练参数

填写模型名称及保存路径，训练模型默认保存在根目录下方的“output”文件夹。“每N epoch（轮）自动保存一次模型”设置为5，表示每训练5轮保存1次模型。“最大训练epoch（轮数）”设置为20，过大容易导致生成的画面效果僵硬。“批量大小”设置为2，数值越大训练速度越快。如果显存较小，“批量大小”最好设置为1，防止爆显存（图5-41）。

10. 网络设置

“网络维度”设为64，“常用值”设为32，对于比较简单的扁平画风或二次元Lora模型而言已经足够（图5-42）。如果是细节较复杂的写实风模型，设为128和64或128和128，二者数值保持相同或2：1的关系即可。参数设置完成，点击界面右下方的“开始训练”即可。等待训练结束，在程序根目录下找到训练模型，置入Stable Diffusion根目录文件夹进行使用（图5-43）。

图5-40　启动程序

图5-40：双击启动脚本，在Lora-scripts网页完成基础参数的设置。

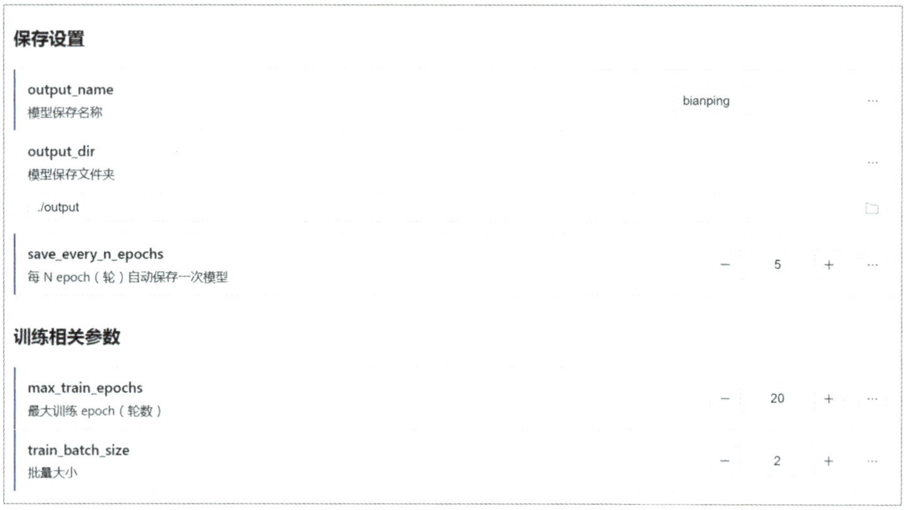

图5-41　填写训练参数

图5-41：填写参数，具体数值视计算机配置而定。

图5-42　网络设置

图5-42：根据投入的训练素材来选择不同的网络维度数值，控制Lora的学习率。

图5-43　找到并置入模型

图5-43：训练完成后来到“Lora-scripts”目录下的“output”文件夹，发现其中存放了4个版本的模型，选择“bianping.safetensors”，也就是最终版本。

第三节 大模型与Lora出图案例解析

结合不同的大型模型与Lora技术进行图像创作，可以产出风格多样的视觉作品。这种融合策略相较于仅依赖单一的大型模型，所生成的图像在风格与细节上展现出更为丰富的变化，从而在艺术表现力上实现了显著的提升。大型模型本身具备强大的图像生成能力，但其在独立生成图像时，往往因受限于训练数据的范畴，使得图像的风格及细节变化趋于单一。

利用Lora技术进行画风上的微调，可以有效促进图像风格的迅速转变，满足不同场景下的风格与细节需求。这种调整不仅拓宽了图像生成的风格范围，而且增强了图像的个性化表达，使得每一幅作品都独具匠心。因此，通过整合大型模型与Lora的优势，图像生成技术得以在风格与细节的多样性上实现质的突破。

一、城市建筑效果图

将大型建筑模型与Lora算法相结合，能迅速生成城市建筑效果图。在所述流程中，Lora算法承担着图像细节调整的核心职能，具体涉及对图像的拍摄角度和照明效果的精准控制。与之相对，建筑模型则构成了图像基础风格与品质的决定性要素。通过指定要求，能对效果图进行个性化的风格、视角及细节调整，以满足各种设计场合的需求。这一过程不仅丰富了景观设计的元素，而且激发了设计者的创意灵感，有助于提升设计作品的品质和吸引力（图5-44）。

（a）城市夜景效果图

（b）城市建筑鸟瞰图

（c）城市建筑人视图

图5-44 城市建筑效果图

图5-44（a）：输入提示词“best quality, masterpiece, photo realistic accuracy building，building, commercial, square, reflection, rain, humidity, (cyberpunk1.3), high las ((best quality:1.4)), (ultra-high resolution:1.2), (realistic:1.4), architecture, interior light, landscape, art architecture”，出图为城市夜景效果图，光照真实，效果细腻。

图5-44（b）：输入提示词“bird's eye view rendering, (three tall buildings:1.2), in the park, unique architectural shape, hanging garden, heavy traffic on city roads, masterpiece, high quality, 8k, best quality, super realistic, high detail, clean and tidy”，出图为城市建筑鸟瞰图，通过应用Lora，城市景观显得别具一格，建筑布置规整，规划整齐。

图5-44（c）：输入提示词“human visual rendering, (three tall buildings:1.2), in the park, unique architectural shape, hanging garden, heavy traffic on city roads, masterpiece, high quality, 8k, best quality, super realistic, high detail, clean and tidy”，出图为城市建筑人视图，通过修改提示词实现视角切换，玻璃幕墙的材质刻画体现出科技感。

二、运动鞋电商广告设计图

通过对现有写实大模型与电商Lora技术的融合与创新，创造出一种高效的运动鞋展示图像生成方法，实现宣传广告一键制作。用户可基于AI生成的创意图像进行设计创作，也可将设计素材输入至Stable Diffusion模型，生成最终的图像。

系统通过智能识别用户的个性化需求，自动完成图案、色彩及款式的生成，极大地缩短了设计周期。此外，模型依据鞋款的设计特点，自动选择适宜的背景、照明及拍摄角度，从而提升图像的吸引力，并真实再现运动鞋的设计细节。消费者在作出购买决策前，能够通过这些图像直观地感知产品的外观与品质（图5-45）。

三、特定模特服装设计图

Lora能够高效地生成各类服装模特图像。Lora与大模型结合，大模型负责构建模特的外貌特征，Lora决定服装的搭配风格。用户可根据具体需求，选择适当的模型进行服饰搭配，甚至可以通过输入图片数据来训练Lora，从而使人工智能模特迅速穿上指定的服装。

一键生成特定服装能显著提升服装设计的工作效率，同时大幅度降低设计成本，使用户能将更多资源和注意力投入创新思维与创意实践的探索中，进而使得AI辅助下的服装设计更加具备实用性和针对性（图5-46）。

（a）黄色运动鞋

（b）彩色运动鞋

（c）白色运动鞋

图5-45 运动鞋宣传海报

图5-45（a）：输入提示词“nike, ice, clouds, yellow sneaker, cinematic photo, cpbg, XP, shots, no humans, sneaker, C4D, 3D”，出图为黄色运动鞋宣传海报，通过加入提示词生成包含冰块、云朵等元素的背景，使视觉效果更加丰富。

图5-45（b）：输入提示词“shoe, XP, no humans, sneaker, rain, solo, (colorful), UHD, C4D, 3D rendering, adidas shell head, masterpiece, best quality, highly detailed, ultra-detailed, extremely detailed CG unity 8k wallpaper, illustration”，灯光照明突出运动鞋表面质感。

图5-45（c）：输入提示词“nike, cinematic photo, cpbg, XP, shots, ice, no humans, sneaker, C4D, 3D ”，随机生成创意运动鞋宣传海报。

（a）白色连衣裙　（b）金色礼服　（c）黑白长服

图5-46　一键生成特定服装

图5-46（a）：输入提示词"A woman, white evening dress, fashionable and luxurious, black eyes, standing posture, upper body, advertising photography, white background, exquisite and realistic, high definition, 8K, perfect facial details, the best quality"。

图5-46（b）：输入提示词"A woman, golden evening dress, short hair, standing posture, upper body, advertising photography, white background, exquisite and realistic, high definition, 8K, perfect facial details, the best quality"。

图5-46（c）：输入提示词"A woman, white coat, black sweater, necklace, standing posture, upper body, advertising photography, white background, exquisite and realistic, high definition, 8K, perfect facial details, the best quality"。

本章小结：

本章介绍了大型模型和Lora模型的基本概念，详细比较了两者的结合方式以及如何在Stable Diffusion中运用这些模型进行风格迁移。此外，还重点讲解了如何在实践中调整模型参数，包括下载安装过程、权重设定等关键环节，以确保生成的图像符合用户需求。通过对这些高级技巧的深入探讨，为读者提供较为全面的指导，从而提升其在图像风格迁移领域的应用能力。

●课后练习

1. 如何准确把握大模型的定义？
2. 探讨大型模型的下载与使用方法，如何轻松切换不同大型模型？
3. 外挂VAE模型对图像质量的提升具有哪些显著效果？
4. 如何巧妙混用多个Lora以实现高质量的图像输出？
5. 尝试融合多种大模型，训练一个属于自己的大模型。
6. 在Lora-scripts框架中，训练一个属于自己的Lora。
7. 以社会主义核心价值观基本内容为主题，选用Lora生成一组卡通人物形象。

第六章

高级功能与插件运用

学习难度：★★★★★
重点概念：后期处理、批量处理、ControlNet、语义分割、面部修复、分块放大

章节导读：随着Stable Diffusion版本持续升级，其功能性与插件资源库得到显著拓展。这些新增的插件不仅对现有功能进行了增强，而且为图像生成领域带来了创新性的体验。在面临原有功能不足以应对实际需求的情况下，用户可以利用多种插件来克服挑战。通过学习本章节，读者能够全面理解并熟练运用Stable Diffusion的功能与插件，进而提高图像生成的质量和效率。这一过程不仅有助于充分发挥软件的潜力，也能为创作高质量作品提供强有力的支持（图6-1）。

图6-1　ControlNet控制人物姿态

图6-1：通过合理运用ControlNet插件，可以生成指定姿态的人物角色，对画面效果起到非常强的控制作用。

第一节　后期处理

Stable Diffusion后期处理功能十分强大，不仅能迅速放大低分辨率图像，而且还具备将模糊图像清晰化与为黑白照片增添色彩等功效，其操作流程简便易行。Stable Diffusion的后期处理并不产生新的图像内容，而是专注对现有图片像素的优化与调整，即使是较大尺寸的图片也能得到有效支持。

一、单张图片处理

在图像处理领域的后期操作阶段，针对单幅图像的尺寸调整功能，提供了“单张图片”选项卡，旨在通过设定特定参数，实现图像尺寸的放大，进而高效生成高质量的大尺寸图像（图6-2）。

1. 图像放大

进入后期处理界面，将一张较低分辨率的图像导入操作窗口。随后，通过调整缩放比例的参数，可以精准控制图像放大后的最终尺寸。以下为相关的放大算法参数。

●缩放倍数。能将图像缩放到指定的倍数，此参数的最大值为8，表示图像可以在保持原始比例不变的情况下，放大至原尺寸的8倍。

●缩放到。能将图像缩放到指定的像素，此参数的最大设置为2048像素，表示图像的宽或高可扩展至2048像素。例如，处理的图像原始大小为1024像素×1024像素，而需要获得1张3000像素的大图，则需将放大倍数调整为3倍，以实现图像的相应放大（图6-3）。

点击“放大算法”下拉菜单，其中包含11种不同算法类型，这些算法在文生图界面中对于高分辨率图像的处理与放大功能是一致的。与传统锐化处理及像素扩展方法不同，该放大算法的核心机制涉及对图像原始高质量数据的降级、损坏、缩小，以及最终的恢

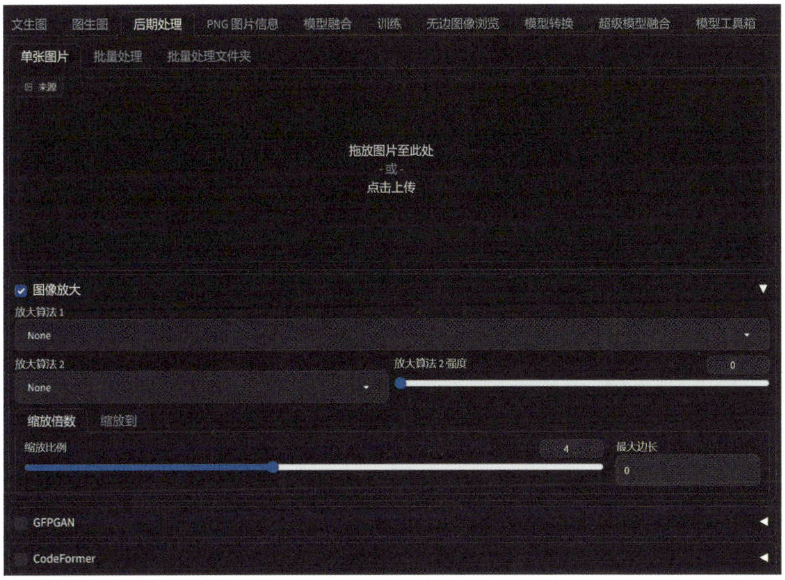

图6-2　“单张图片”选项卡

图6-2：点击“单张图片”选项卡进入该界面，主要包括图像放大、照片修复功能。

图6-3　图像放大界面

图6-3：要想得到细节比较丰富的3k或4k超清大图，图片的原始尺寸最好能达到1000像素。

复，这一过程不仅有效移除了图像中的原始像素杂点，而且能够呈现出更加清晰、干净的画面

●放大算法1。其中包括3种常用的放大算法，分别是4x-UltraSharp、R-ESRGAN $4x^{+}$、R-ESRGAN $4x^{+}$ Anime6B。

●放大算法2。为图像放大过程中应用的第2种方法，可以在“放大算法1”的基础上，再混合一种其他的放大算法。

不勾选“放大算法2”，点击“生成”按钮出图，取人物脸部区域进行效果比对（图6-4）。

经过对多种图像放大技术的分析，发现运用4x-UltraSharp技术进行图像放大在视觉呈现上更为逼真，信息的保留程度较高，特别在处理皮肤色彩的渐变方面，其过渡显得极为平滑。此外，该技术生成的图像文件容量相对较大。相对而言，R-ESRGAN 4x+及其子算法Anime6B在对图像进行放大处理时，其图像边缘的硬度更为显著，色彩块界面较为清晰，缺乏柔和性，而且图像容量也更小。因此，在实际应用中，可以根据图像处理的具体要求和期望效果，审慎考虑并选择适当的算法。

2. 照片修复

除了图像放大功能外，下面重点分析两个核心的下拉选项：“GFPGAN”与“CodeFormer”，这两种工具专门用于改善模糊人像的清晰度和细节。

（a）4x-UltraSharp放大　（b）R-ESRGAN 4x+ 放大　（c）R-ESRGAN 4x+ Anime6B放大

图6-4　图像放大效果

图6-4（a）：图片容量为11.89mb，皮肤质感细腻柔和，五官更有立体感。
图6-4（b）：图片容量为11.35mb，对于毛发和阴影的处理相比4x-UltraSharp略逊一筹。
图6-4（c）：图片容量为7.86mb，对比度较强，放大可以看见未被完全融合的色块信息，适用于二次元画风图像。

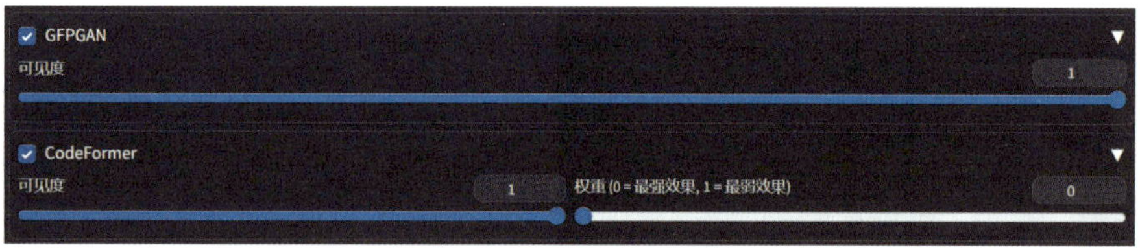

图6-5　照片修复功能

图6-5：GFPGAN和CodeFormer的可见度参数相当于是该功能的权重，决定对图片放大的程度。

●GFPGAN。这是一种面部修复的开源模型，其修复的图像不仅清晰度较高，而且能够有效保留人物的特征和气质。

●CodeFormer。在处理图像微观细节方面表现优异，尤其在模拟皮肤纹理的真实性上效果极佳，但在牙齿细节的处理上尚未达到预期标准（图6-5）。

将1张低分辨率老照片导入后期处理窗口，进行3次生成，比对不同功能的修复效果。第1次仅使用放大算法“4x-UltraSharp”；第2次勾选“GFPGAN”并将可见度设为1；第3次去除勾选“GFPGAN”，勾选“CodeFormer”并将可见度设为1，点击“生成”按钮，查看效果（图6-6）。

二、批量图片处理

在图像处理软件中，可利用批量处理模块实现多图像的集中导入与放大。

首先，进入后期处理界面，并选择“批量处理”功能区域。然后，将待处理图像拖拽至操作窗口，并调整相应的参数设置。接着，点击“生成”按钮，以启动图像放大过程。图像处理完成后，可以通过拖动或选择界面下方的“文件夹”图标快速访问存放目录，进而将放大后的图像复制至指定存储位置（图6-7）。

三、批量文件夹处理

批量图片放大是通过预设原图像存储路径与目标输出路径，实现对众多图像的自动处理，免除人工逐一拖拽的烦琐操作，尤其适用于处理大量图片的紧急需求。

首先，进入后期处理界面，选择“批量处理文件夹”功能模块。在此模块中，界面将展示两个输入

（a）原图　（b）4x-UltraSharp修复　（c）GFPGAN修复　（d）CodeFormer修复

图6-6　图像修复效果

图6-6（a）：原图是1张低分辨率的黑白老照片，细节比较模糊。

图6-6（b）：仅使用4x-UltraSharp放大算法进行照片修复，尽管图片的清晰度进一步增加，但由于原照片尺寸过小，对眼部的处理细节并不到位。

图6-6（c）：使用4x-UltraSharp＋GFPGAN进行照片修复，模型对原图进行了一定的自动上色，五官的真实度进一步增强。

图6-6（d）：使用4x-UltraSharp＋CodeFormer进行照片修复，对色块边缘进行了锐化，效果不如GFPGAN。

框，分别用于输入原图和输出生成图。将含有原图的文件夹路径复制至首个输入框，并将目标空文件夹路径粘贴至第二个输入框。接着，系统将对图片进行放大处理。最后，可在指定的空文件夹中查看放大后的图像成果（图6-8）。

第二节　ControlNet插件

一、ControlNet插件下载与安装

Stable Diffusion整合包中一般自带ControlNet

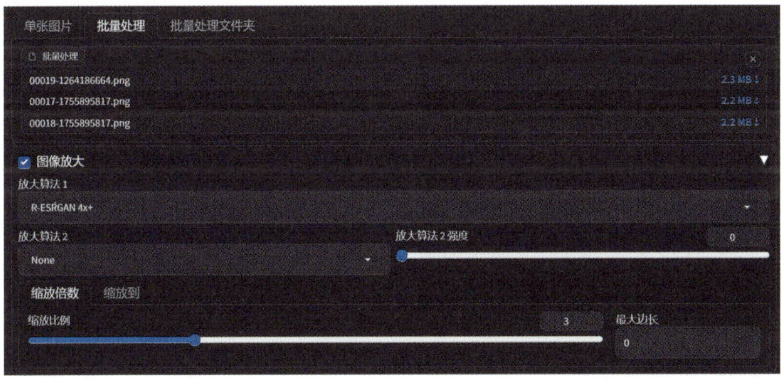

图6-7　批量处理图像界面

图6-7：将多张图片一次性拖入批量处理窗口，点击“生成”按钮，进行放大。

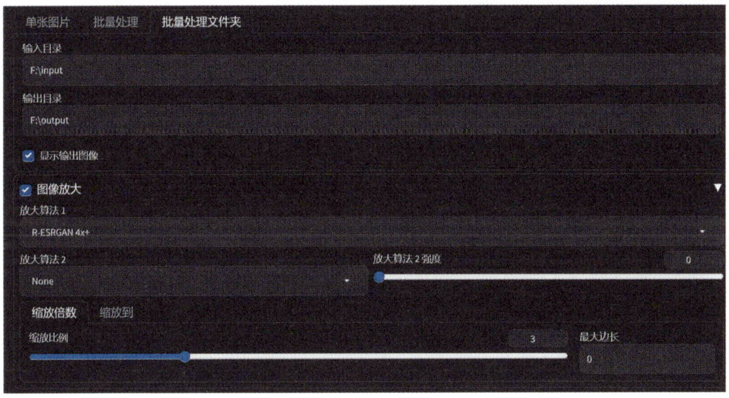

图6-8　“批量处理文件夹”界面

图6-8：导入图片后，选择放大算法和缩放倍数，系统会按照设定好的数值对导入图片依次进行放大处理。

插件及模型，若下载版本中不含ControlNet，按照以下方法进行操作即可成功安装。

1. 安装扩展

打开 WebUI，点击“扩展”选项卡，选择“从网址安装”，在互联网搜索“ControlNet”插件粘贴到“扩展的 git 仓库网址”输入框中。点击下方的“安装”按钮，等待数秒即可安装成功（图6-9）。

2. 重载程序

点击“已安装”选项卡，单击“检查更新”按钮，读条完成后单击“应用更改并重启”重新启动，再次进入程序后，即可在WebUI主界面下方看到ControlNet的功能选项（图6-10）。

3. 下载模型

在互联网中搜索ControlNet模型并下载，模型文件扩展名为 .pth，完成后将模型文件放入 Stable Diffusion根目录下的“extensions\sd-webui-controlnet\models”文件夹，再次重载WebUI，打开ControlNet的功能选项即可正常使用插件功能（图6-11）。

二、ControlNet操作方法

ControlNet操作界面主要分为三大区域，分别用于上传参考图、选择控制类型和调整其他参数（图6-12）。

1. 参考图上传

位于ControlNet界面顶部的“参考图”区域，可通过直接拖拽图像文件至该窗口，或通过点击选择文件路径以导入图片。导入的图像将作为参照，对生成图像产生直接影响及控制作用。紧邻参考图

图6-9 安装扩展

图6-9：在输入框中填写完网址后点击“安装”，即可安装成功。

图6-10 重载程序

图6-10：在Stable Diffusion中，涉及插件模型，安装时都需要重启程序，更新后才能够使用新功能。

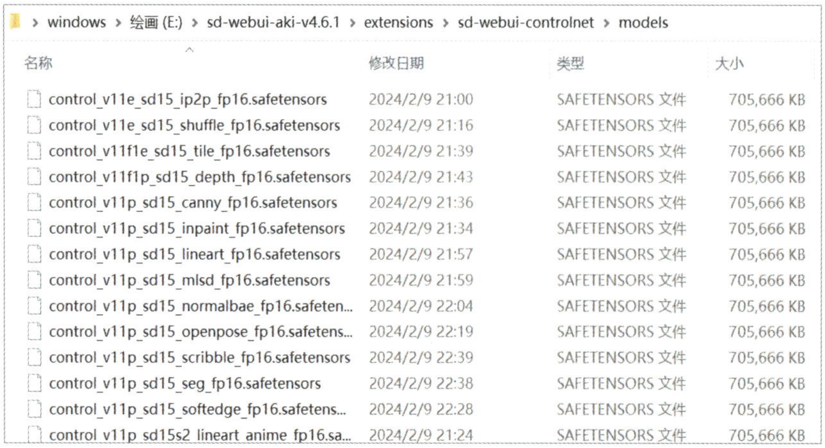

图6-11 下载ControlNet模型

图6-11：ControlNet模型的存放位置，可根据需要下载。

窗口的右下角，设有若干功能按键，包括“启动新画布”“连接网络摄像头”“摄像头镜像”“调整参考图至Stable Diffusion尺寸”等功能。

●打开新画布。激活后，将弹出相应面板，用户可点击“创建新画布”可生成空白画布。

●打开网络摄像头。该按钮被按下后，同样会弹出“启动新画布”面板，可生成空白画布。

●打开网络摄像头。点击此按钮后，可对摄像头捕捉到的画面进行水平翻转。

●调整参考图至Stable Diffusion尺寸。选定此功能后，当前参考图的尺寸将被设定为生成图像的尺寸。

再往下是预设区域，包括“启用”“低显存模式”“完美像素模式”“允许预览”“高效子区蒙版”等选项（图6-13）。

●启用。用于启用ControlNet的相关功能，只有勾选此项，ControlNet的功能才会被激活。

●低显存模式。能减少ControlNet处理图像时对

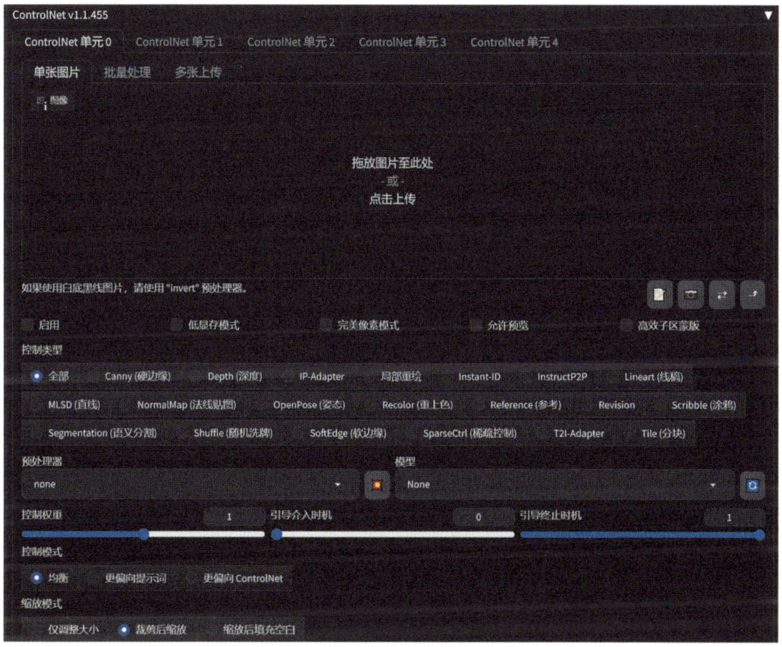

图6-12　ControlNet操作界面

图6-12：ControlNet操作界面的参数十分多样，其核心功能在于对导入图像的处理方式。

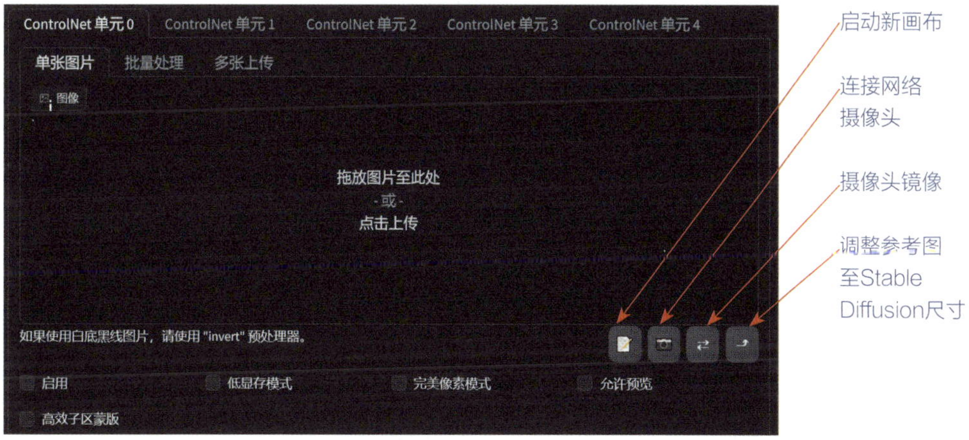

图6-13　参考图上传区域

图6-13：参考图上传区域由上传窗口和多个功能按键组成。

显存的消耗，建议显卡显存低于6GB时使用此模式。

●完美像素模式。上传的图像将自动调整以匹配预处理器的分辨率，从而提高图像处理的精度。

●允许预览。可以预览预处理的效果，系统将打开新的窗口显示处理后的图像。

●高效子区蒙版。可以使用遮罩选择上传图像的特定区域，仅对该区域进行图像控制，勾选后系统将弹出遮罩上传区域。

2. 控制类型选择

不同类型的控制需求往往对应着特定的预处理工具与模型架构。通过选择相应的控制类别，用户可观察到下方自动展开的下拉列表中，相关联的预处理器与模型选项随之呈现。预处理模块的核心职能在于对输入的原始图像进行转换，例如，将全彩图像转换为灰度图像，或从中提取线条等特征，而后续的模型则基于预处理后的图像数据，进一步实施图像生成等操作（图6-14）。

3. 其他参数调整

●控制权重。指ControlNet对生图的影响力，权重越大，影响越大，反之则越小。

●引导介入时机。指从图像生成的某一步开始对图像进行处理，设置为 0 表示图像开始生成时就对其进行介入和控制，设置为0.5表示从图像生成一半时对其进行介入处理。引导终止时机与其相反，指具体从某一步退出对图像的处理。

●控制模式。包括“均衡”“更偏向提示词”和“更偏向 ControlNet”选项，表示提示词或ControlNet双方对图像生成的控制权重更大。

●缩放模式。包括“仅调整大小”“裁剪后缩放”和“缩放后填充空白”选项，表示生成图像尺寸与参考图尺寸不对等时，采用哪种方式来对图像尺寸进行调整（图6-15）。

三、ControlNet控制类型解读

ControlNet作为Stable Diffusion模型的核心插件之一，提供了极为多样的控制选项，用户能够以多种方式操控图像生成过程中的视觉信息。下面介绍ControlNet包含的15个主要控制类型。

1. Canny

Canny（硬边缘）专注于检测并提取图像中物体的边缘特征。此算法能够创建指导图像生成流程的线稿，通过输入不同的提示词汇，Stable Diffusion能够生成构图一致而内容多样的图像。此外，Canny算法也适用于对现有线稿进行再着色。该算法包含两种预处理方式，分别为“Canny”与“invert”。

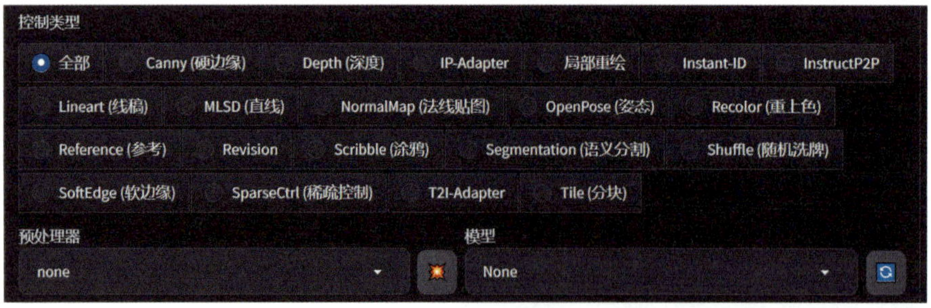

图6-14 控制类型选择区域

图6-14：当前版本的ControlNet共有20个控制类型，每个控制类型都对上传图片有着不同的处理方式。

图6-15 其他参数调整区域

图6-15：该区域主要围绕ControlNet对图像生成的控制与图像缩放模式展开，前者决定ControlNet的影响力，后者决定导入图像怎样适应生成尺寸。

（a）Canny处理器

（b）invert处理器

图6-16 Canny两大处理器

图6-16（a）：自动提取图像中各种形态的边缘轮廓，形成粗细均匀的线条用于控制画面。

图6-16（b）：适用于手绘线稿的提取，彩色图片直接识别效果不佳。

（a）医护服

（b）工作服

图6-17 Canny控制生成

图6-17（a）：输入提示词“medical gowns”，人物着装并无太大改变，色彩变成全白。

图6-17（b）：输入提示词“working clothes”，人物着装并无太大改变，色彩变成黑白搭配。

（c）礼服

图6-17（c）：输入提示词“full dress”，服装变动较小，场景及光照角度稍有变化，可以发现Canny处理器对画面的控制十分严格。

●Canny。用于识别图像中的线条元素。

●invert。用于识别那些以白色背景衬托黑色线条的图像。

在实际应用中，首先导入1张已生成的图像，然后激活并允许预览功能。在控制类型中选择“Canny”，随后应用“Canny”和“invert”两种预处理器，并通过点击“爆炸”按钮观察两种预处理的效果差异（图6-16、图6-17）。

2. MLSD

MLSD（直线）专门用于检测与提取图像中的直线特征，进而为建筑可视化提供精确的数据支持。预处理手段主要分为M-LSD（直线线条检测）与invert（图像反转）两种策略，尽管这两种方法均旨在优化图像中直线特征的识别精度，但在处理效果上存在显著差异。

下面对这两种预处理技术进行详细分析，并对它们的适用性进行评估（图6-18、图6-19）。

（a）M-LSD（直线线条检测）处理器

（b）invert（图像反转）处理器

图6-18 MLSD处理器

图6-18（a）：自动识别画面中的直线条，省略其他形态的线条，经过处理得到比较抽象的人物主体轮廓。

图6-18（b）：反向识别白底黑线图，对于彩色图像并不能起到很好的识别效果。

（a）MLSD生成　　（b）invert生成

图6-19　MLSD控制生成

图6-19（a）：人物主体姿态大致与原图保持一致，背景的树木和街道并没有体现出来，而是根据几根直线条重新生成了一张背景。

图6-19（b）：人物主体特征大致得到保留，背景由室外变成室内。

3. Scribble

Scribble（涂鸦）能够将视觉内容简化为粗略线条，其风格近似于随意的手绘涂鸦。特点在于快速生成图像，同时能够大致掌控图片内容的构成。预处理器主要有“Scribble_hed”“invert”“Scribble_xdog”“Scribble_pidinet”4种，处理效果均有不同（图6-20、图6-21）。

4. SoftEdge

SoftEdge（软边缘）能够将画面元素的外围轮廓转换成柔和的线条，从而实现对画面线条的控制。预处理器主要有“SoftEdge_PIDI_safe”“SoftEdge_HED_safe”“SoftEdge_PIDI”“ISoftEdge_HED”4

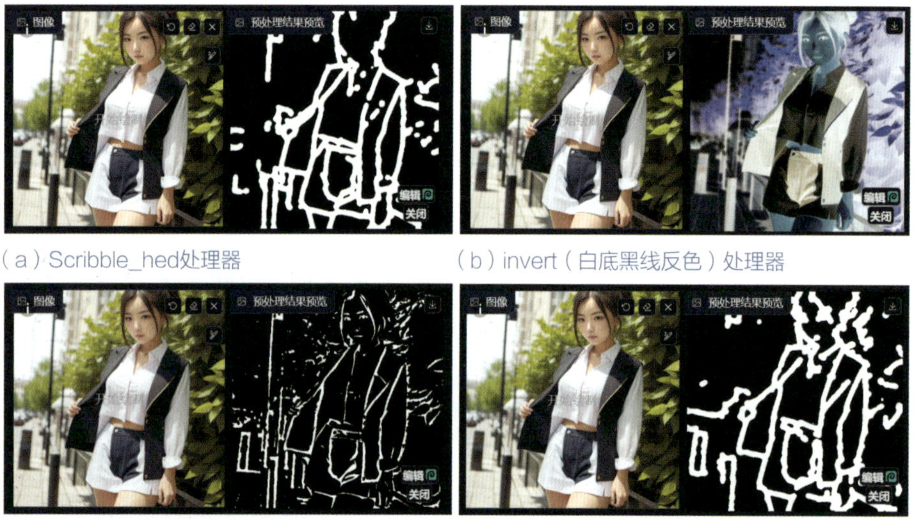

（a）Scribble_hed处理器　　（b）invert（白底黑线反色）处理器

（c）Scribble_xdog处理器　　（d）Scribble_pidinet处理器

图6-20　Scribble处理器

图6-20（a）：将写实图像处理成粗略的涂鸦线条，整体效果比较抽象概括。

图6-20（b）：反向识别白底黑线图，对于彩色图像并不能起到很好的识别效果。

图6-20（c）：相比其他几种处理器，线条边缘锐化，效果更加细致。

图6-20（d）：提取到的内容比scribble_hed处理器更多，同时处理时间更长。

（a）Scribble_hed生成　　（b）invert 生成　　（c）Scribble_xdog生成　　（d）Scribble_pidinet生成

图6-21　Scribble控制生成

图6-21（a）：服装结构与原图大致相同，背景变化较大。

图6-21（b）：控制器对彩色图像的控制效果不强，生成图与原图关系不大。

图6-21（c）：背景与原图基本保持一致，人物发型变化较大，衣服褶皱被识别成装饰线条。

图6-21（d）：保留了前景处树叶的基本形态，服装的还原度比较低。

（a）SoftEdge_PIDI_safe处理器

（b）SoftEdge_HED_safe处理器

（c）SoftEdge_PIDI处理器

（d）ISoftEdge_HED处理器

图6-22 SoftEdge处理器

图6-22（a）：尾缀为“safe”的预处理器可以防止生成的图像出现不良内容。

图6-22（b）：轮廓线条相对SoftEdge_PIDI_safe更加硬朗简练，对生成图像实行精准控制。

图6-22（c）：处理图像质量最高，非常精准地识别出了人物的服装细节和五官位置，同时处理时间也最长。

图6-22（d）：轮廓线条相对SoftEdge_PIDI更加硬朗简练，对生成图像实行精准控制。

（a）SoftEdge_PIDI_safe生成

（b）SoftEdge_HED_safe生成

（c）SoftEdge_PIDI生成

（d）I SoftEdge_HED生成

图6-23 SoftEdge控制生成

图6-23（a）：由于预处理器识别出的线条比较朦胧含糊，画面效果略显模糊。

图6-23（b）：图像效果相比前一张要更加干净清爽，衣服形态识别的比较清晰。

图6-23（c）：保留了比较多的细节，画面效果略显朦胧。

图6-23（d）：图像效果相比前一张要更加干净清爽，人物的面部表情更接近原图。

种，处理效果均有不同（图6-22、图6-23）。

5. Lineart

Lineart（线稿）能将图像转换为硬朗简洁的线稿，模拟出手工绘制的质感，特别适用于动漫线稿的提取。预处理器主要有“Lineart_standard”“Lineart standard”“Lineart”“Lineart coarse”“Lineart_anime_denoise”“Lineart_anime”6种（图6-24、图6-25）。

6. Depth

Depth（深度）能从参考图中提取深度信息，负

（a）Lineart_standard处理器

（b）Lineart standard（白底黑线反色）处理器

（c）Lineart处理器

（d）Lineart coarse（粗略线稿提取）处理器

（e）Lineart_anime_denoise（动漫线稿提取去噪）处理器

（f）Lineart_anime处理器

图6-24　Lineart处理器

图6-24（a）：画面提取效果比较粗糙，没有形成比较精致的线条。
图6-24（b）：同样用于识别白底黑线图，在此不再赘述。
图6-24（c）：线条轮廓清晰完整，效果类似Canny处理器。
图6-24（d）：线条的轻重变化比较明显，相比Lineart进行了更多的省略处理。
图6-24（e）：在Lineart_anime的基础上对线条进行了简化，主要线条被进一步加粗加深，次要线条则被省略。
图6-24（f）：线条更细更浅，模拟出手绘质感。

（a）Lineart_standard生成

（b）Lineart standard（白底黑线反色）生成

（c）Lineart生成

（d）Lineart coarse（粗略线稿提取）生成

（e）Lineart_anime_denoise（动漫线稿提取去噪）生成

（f）Lineart_anime生成

图6-25　Lineart控制生成

图6-25（a）：人物由原图的短发变为长发，姿势与服装结构也发生了较大改变，还原度较差。
图6-25（b）：画面饱和度较低，外套内侧出现了比较奇怪的纹理。
图6-25（c）：图像质量较高，服装结构基本还原，说明该处理器对画面的控制比较到位。
图6-25（d）：对比度高，画面效果比较细腻。
图6-25（e）：由于线条比较概括抽象，对衣褶、领口等细节的绘制不精细。
图6-25（f）：图像明度较高，效果较好。

责规划图像中的主要造型及空间布局，确保生成图像与原图在空间关系上的一致性。图像中颜色较浅的区域代表接近镜头，颜色较深的区域则代表远离镜头。下面分别使用预处理器“Depth_midas”“Depth_zoe”“Depth_leres”“Depth_leres++”，查看处理效果（图6-26、图6-27）。

7. NormalMap

NormalMap（法线贴图）能够识别图片中的光源分布，进而模拟出三维凹凸效果，实现对光影效果的精确模拟与优化，显示出更高的精确度，呈现

（a）Depth_midas处理器　（b）Depth_zoe处理器

（c）Depth_leres处理器　（d）Depth_leres++处理器

图6-26　Depth处理器

图6-26（a）：Depth_midas深度信息估算是一种常用的预处理器，通过概括空间更加精确地体现出画面的景深感，增强大型景观中近远物体关系的表达。同时Depth模式具有生成遮罩蒙版的能力，帮助用户更加细腻地调整图像中各个组成元素的可视化效果。

图6-26（b）：建筑立体感、空间感相比Depth_midas更强，可以更好地控制图像的深度信息，生成更加真实、准确的图像。

图6-26（c）：识别精度高于Depth_zoe，低于Depth_leres++。成像焦点在中间景深层，拥有更远的景深，中距离物品边缘成像更清晰，近景边缘比较模糊。

图6-26（d）：对于图片景深和光影关系的识别更加细致，精度更高，但出图时间最长。

（a）Depth_midas生成　（b）Depth_zoe生成　（c）Depth_leres生成　（d）Depth_leres++生成

图6-27　Depth控制生成

图6-27（a）：房屋造型基本还原，具体的结构与原图相差较大。

图6-27（b）：提示词的加入导致生成雨天场景，基本还原。

图6-27（c）：房屋结构和前景树木的形态都更贴近原图，对光照角度的还原度也比较高。

图6-27（d）：随机生图，生成逆光角度效果图。

极为细腻的光影细节。下面分别使用预处理器“Normal_bae”和“Normal_midas”，查看处理效果（图6-28、图6-29）。

（a）Normal_bae处理器

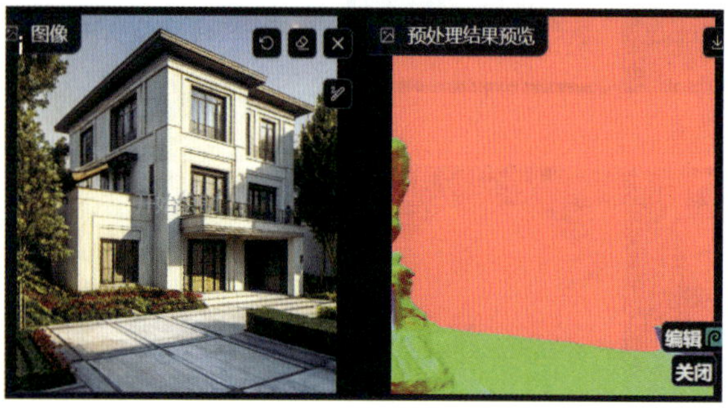

（b）Normal_midas处理器

图6-28 NormalMap处理器

图6-28（a）：bae是一种基于多视角图像的三维重建方法，能够重现场景或物体的立体形态，精确获取其表面的法线向量信息。这些向量信息用于模拟光照、投射阴影以及三维物体的识别与分割等。

图6-28（b）：midas从单幅图像中估计3D物体的法线向量。它的主要目的是通过估计3D物体的表面细节和纹理，来提高绘制3D物体的速度和准确性，计算复杂度相对较低，但是计算精度也相应较低。

（a）Normal_bae生成　（b）Normal_midas生成

图6-29 NormalMap控制生成

图6-29（a）：对房屋造型的还原程度较好，精准复刻了原图的结构，并没有太多不合理的地方。

图6-29（b）：生成了与原图完全不相关的图片，可以看出这种算法对图像的识别效果较差，目前已被淘汰。

8. Segmentation

Segmentation（语义分割）主功能是对图像进行精细分割，通过标记不同颜色来区分图像中各物体的位置与形态，这为处理元素繁杂、结构复杂的图像提供了精确的控制手段。下面分别使用预处理器“Seg_ofade20k”和“Seg_ufade20k”，查看处理效果（图6-30、图6-31）。

9. OpenPose

OpenPose（姿态）能够检测并解析人物动作，将其转化为骨架图。通过调整骨架图，用户可指导Stable Diffusion生成特定姿态的人物图像。下面分别使用预处理器“Openpose_full”“Openpose_hand”“Openpose_faceonly”“Openpose_face”，查看处理效果（图6-32、图6-33）。

（a）Seg_ofade20k处理器

（b）Seg_ufade20k处理器

图6-30 Segmentation处理器

图6-30（a）：Seg_ofade20k预处理器在实施图像分割任务时，能对动物、植物、人工制品等目标进行准确分割，表现出卓越的性能。

图6-30（b）：Seg_ufade20k对画面元素的分割更加细致，增加了几种不同的颜色表示物体形态。

（a）Seg_ofade20k生成　（b）Seg_ufade20k生成

图6-31　Segmentation控制生成

图6-31（a）：房屋变为木质结构，说明segmentation并不适合处理整体构造。

图6-31（b）：房屋的内部结构脱离原图，封闭窗口变为阳台，还原度较差。

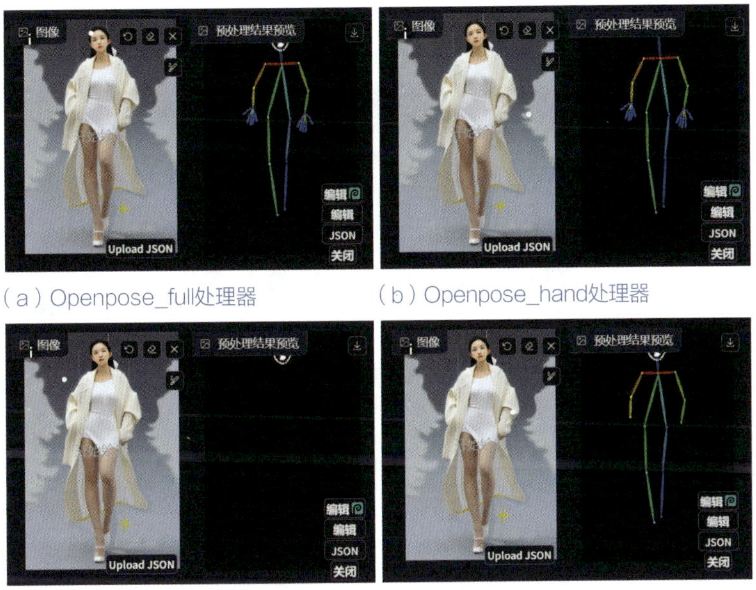

（a）Openpose_full处理器　（b）Openpose_hand处理器

（c）Openpose_faceonly处理器　（d）Openpose_face处理器

图6-32　OpenPose四大处理器

图6-32（a）：Openpose_full默认识别全身，包括面部五官和手指形态，控制效果最为全面。

图6-32（b）：Openpose_hand识别身体姿态和手指形态，使用频率较高。

图6-32（c）：Openpose_faceonly只识别面部，身体姿势自由发挥。

图6-32（d）：Openpose_face识别身体姿态和面部，适用于对面部朝向和神态表情的控制。

（a）Openpose_full生成　（d）Openpose_hand生成　（c）Openpose_faceonly生成　（d）Openpose_face生成

图6-33　OpenPose控制生成

图6-33（a）：人物跟原图最为贴近，还原度较高。

图6-33（b）：姿态与手部动作完全与骨骼图保持一致，没有添加对面部五官的控制。

图6-33（c）：只有面部朝向与原图保持一致，身体重新生成。

图6-33（d）：未对手部形态添加控制，自动生成双手插兜的姿势。

10. Tile

Tile（分块）能维持图像的整体结构，并通过增强图像细节，实现高质量的图像放大，从而显著提升图像的视觉质量。下面分别使用预处理器“Tile_resample”和“Tile_colorfix+sharp”，查看处理效果（图6-34、图6-35）。

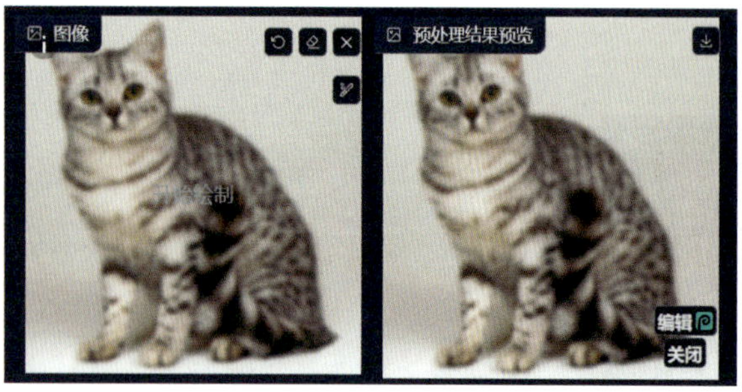

图6-34　Tile处理器

图6-34：导入一张模糊的小猫图像，点击“爆炸”按钮查看预处理结果，模型将会以原图的像素信息作为图像的生成基础。

（a）Tile_resample生成　　（b）Tile_colorfix+sharp生成

图6-35　Tile控制生成

图6-35（a）：Tile_resample对图片的整体色调进行了调节，毛发质感显得更加柔和，修复效果比较好。

图6-35（b）：Tile_colorfix+sharp对图片原图进行了锐化处理，虽然使画面重心得到了一定强调，但对毛发质感的表现力不如Tile_resample。

11. Shuffle

Shuffle（随机洗牌）通过对原图像进行扭曲和元素重组，以此为基础创造全新的图像内容，主要功能是控制生成图像的色调。下面使用预处理器“Shuffle”，查看处理效果（图6-36、图6-37）。

12. inpaint

inpaint（局部重绘）能在无提示词的前提下对图像进行局部重绘或修改，以蒙版的形式重新生成图像局部，操作更简便。下面使用预处理器“inpaint”，查看处理效果（图6-38、图6-39）。

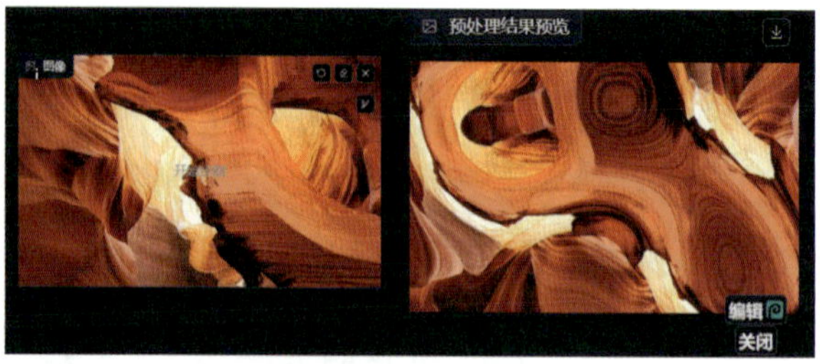

图6-36　Shuffle处理器

图6-36：导入一张风景壁纸，利用Shuffle处理器对其进行随机打乱，得到包含黄、棕红和小面积白色的抽象图片，模型将会以此为基础色调生成新图像。

（a）巨大的拱形建筑　　（b）住宅室内

图6-37　Shuffle控制生成

图6-37（a）：输入提示词“cityscape”，生成一栋巨大的拱形建筑。

图6-37（b）：输入提示词“house”，生成住宅室内效果图。

图6-38　inpaint处理器

图6-38：涂抹人物面部区域，点击“爆炸”按钮，半透明黑色区域就是重绘区域，输入提示词“a girl, smile”，点击“生成”按钮，查看效果。

（a）重绘前　　（b）重绘后

图6-39　inpaint控制生成

图6-39：经过重绘后，女孩面部表情转变为微笑。

13. InstructP2P

InstructP2P（场景迁移）用于场景转换与风格迁移，能在原图的基础上对天气、环境或人物服饰等元素进行调整。该控制类型没有预处理器，直接点击“生成”按钮，即可查看效果（图6-40、图6-41）。

图6-40　InstructP2P处理器

图6-40：导入图片，点击“生成”按钮。

（a）起火　（b）雪天

图6-41　InstructP2P控制生成

图6-41（a）：输入提示词“make it on fire”图片的整体色调也随之改变。

图6-41（b）：输入提示词“make it in winter”，场景切换为雪天，屋檐与树木挂满积雪。

14. Recolor

Recolor（重上色）可用于重新上色，主要用于将黑白照片修复为彩色，恢复其历史风貌。预处理器有“Recolor_luminance”和“Recolor_intensity”两种。

- Recolor_luminance。自动着色。
- Recolor_intensity。手动指定上色区域。

下面选择Recolor_intensity的预处理器查看生成效果（图6-42）。

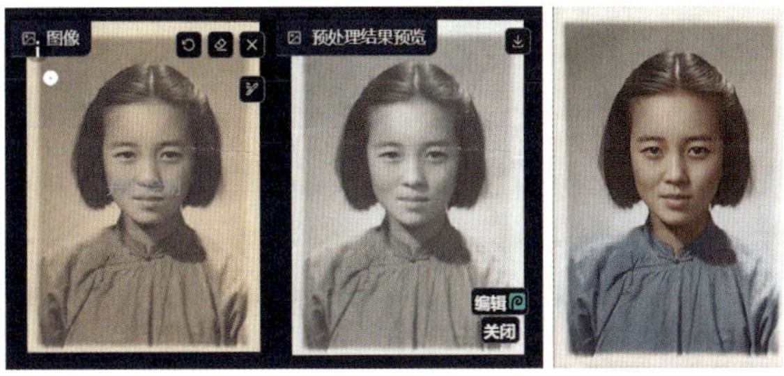

（a）Recolor_intensity处理器　（b）Recolor_intensity控制生成

图6-42　Recolor-intensity控制生成

图6-42（a）：导入泛黄老照片，将其转换为无饱和度的纯黑白照片。

图6-42（b）：输入提示词“a girl, black hair, blue shirt”，一键修复老照片。

15. Reference

Reference（参考）能在不依赖Lora的情况下，快速生成风格主题相似的图片，为创作提供便捷高效的途径。预处理器有“Reference_only”“Reference_adain+attn”“Reference_adain”3种（图6-43~图6-46）。

（a）Reference_only处理器　（b）Reference_only处理结果

图6-43　Recolor控制生成

图6-43（a）：导入花卉植物生成图，最大程度参考控制图。

图6-43（b）：输入提示词“A white flower”，生成与原图效果类似的白色花朵。

（a）Reference_adain+attn和Reference_adain处理器

（b）Reference_adain+attn （c）Reference_adain

图6-44 Reference_adain+attn和Reference_adain控制生成

图6-44（a）：导入二次元人物生成图，切换到与原图相同的大模型和相关参数，用于控制图像生成。

图6-44（b）：输入提示词“a girl, wedding dress”，得到的图像与原图高度相似。

图6-44（c）：输入同样提示词，姿势与原图相似，人物的头饰发生变化，说明控制效果没有Reference_adain+attn好。

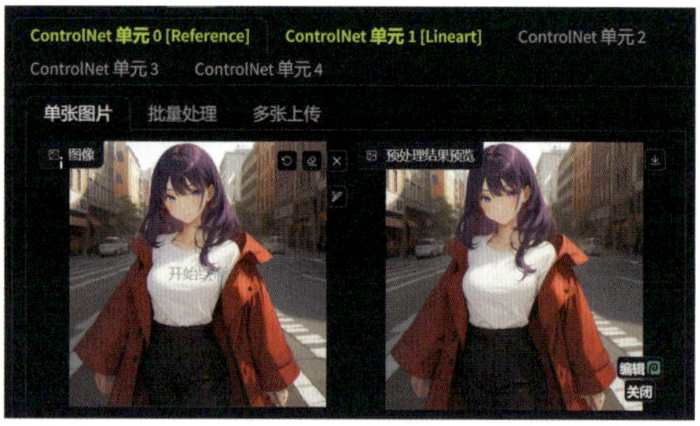

（a）开启Reference

（b）开启Lineart

图6-45 Reference配合Lineart

图6-45（a）：启用ControlNet单元0，控制类型选择Reference，上传图像作为风格迁移的素材。

图6-45（b）：启用ControlNet单元0，控制类型选择Lineart，固定人物外貌特征。

（a）生成图1 （b）生成图2 （c）生成图3

图6-46 生成人物图像

图6-46（a）：人物头发变为紫色，背景由建筑物变为和参考图一样的街道。

图6-46（b）：生成图中人物的服装颜色与参考图大体对应。

图6-46（c）：配色与生成图1相似，都继承了参考图的紫色头发与黑白服饰。

第三节 其他扩展插件

在Stable Diffusion的集成环境中，嵌入了多种兼具实用性与娱乐性的插件。本节将重点阐述常用插件的运作机制、参数配置及操作技巧，这些插件包括语义分割、面部修复、分块放大、Lora分层控制、颜色控制、提示词相关性修复、一键生成动图、真人视频转AI等。

一、语义分割

语义分割（Segment Anything）核心功能在于对图像内容进行智能化分析，实现图像中不同对象的自动识别与分割。借助此插件，用户能高效地从背景或其他物体中分离出人物、动物、物品和服饰等元素，并迅速将所选区域转化为蒙版以便局部重绘。这一过程极大地取代了传统手动抠图所需的时间和劳动强度，尤其在处理图像中的复杂结构时，能够显著提升工作效率（图6-47）。

1. 添加标记点分割图像

打开Segment Anything面板，可以看到界面中出现两个窗口。上方窗口用于导入需要进行分割处

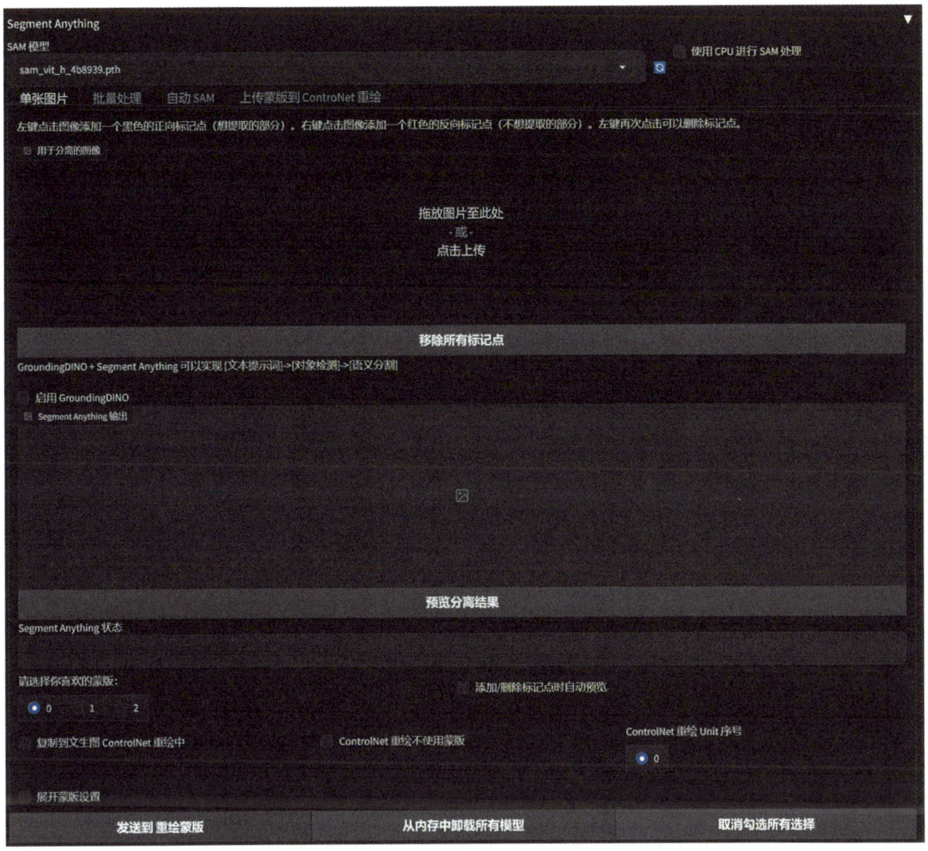

图6-47　语义分割界面

图6-47：语义分割界面包含图片导入窗口与语义分割预览窗口，可以选择手动添加标记点或文本自动识别两种方式抠出图像中的物品。

理的原图，下方窗口在分割命令执行完毕后自动显示处理过后的黑白蒙版。

界面最上方的“SAM模型”指对图像内容进行分割的算法，菜单栏中提供了3种不同的神经算法模型，分别是“sam_vit_b_01ec64.pth”“sam_vit_l_0b3195.pth”“sam_vit_h_4b8939.pth”。其中，“sam_vit_b_01ec64.pth”规模最小；“sam_vit_l_0b3195.pth”次之；“sam_vit_h_4b8939.pth”最大。模型越大，意味着抠图的精确率越高，同时占用显存越多，生成速度也会相应变慢，可以根据计算机配置选择合适的模型进行下载。

来到Segment Anything功能模块中，将一张预先准备好的花卉图像导入至界面的上方窗口。根据界面顶部所提供的文字指引，逐一添加标记点以实现图像的精准分割。将花朵从原图中分离出来，作为后续图像生成过程中的蒙版区域，同时需要对图像中的枝干和背景进行排除，具体操作可在花瓣的内侧标注黑色点，外侧标注红色点，以此明确区分花瓣与周围区域（图6-48）。

打完标记点后导航至操作界面下方，激活“预览分离结果”功能按钮（图6-49）。此举将展示三种独立蒙版抠图技术的效果，按照从左至右的顺序依次标记为“0、1、2”。经过评估，1号蒙版的技术效果最符合实验预期。在“选择偏好蒙版”选项下勾选序号2，随后按界面底部的“发送至重绘蒙版”按键，以实现蒙版数据至重绘模块的传输（图6-50）。即便图像本身不在窗口内显示，所执行的设置依旧有效。在完成重绘参数配置之后，点击“生成”按钮，观察最终的图像重绘效果。

图6-48 手动添加标记点

图6-48：在图像上手动添加标记点引导Segment Anything进行识别，花朵内部标记黑点，周围标记红点。

2. 文本识别分割图像

对于比较简单且颜色能与背景拉开较大差异的形状，手动添加标记点尚能获得比较好的抠图效果，如果形状过于复杂，使用这种方式很容易识别错误，此时采用GroundingDINO进行辅助会是更好的选择。

来到“图生图”下方的“Segment Anything”界

图6-49 预览分离结果

图6-49：原图下方显示黑白蒙版图片，白色为蒙版区域，中间的蒙版抠图效果比较好，选择它作为重绘蒙版。

图6-50 发送到重绘蒙版

图6-50：将黑白蒙版图片上传到重绘蒙版界面用于生成，可以看到图像按照指定的蒙版区域生成了新的花朵形态。

面，图像上传完毕后，点击第2个窗口上方的“启用GroundingDINO”，在模型下拉菜单中选择“GroundingDINO_SwinB（938MB）”，如果要抠出室内效果图中的沙发，要在下方的“GroundingDINO检测提示词”输入框中输入“sofa”，勾选“我想预览GroundingDINO 的结果”，界面中会多出1个窗口，点击“Generate bounding box”，开始识别图像中的沙发造型（图6-51）。

识别完成后，即可看到识别效果。下滑界面来到最后一个窗口，点击“预览分离结果”按钮，选择喜欢的蒙版序号，勾选“Copy to Inpaint Upload & img2img ControlNet Inpainting”将其发送到“ControlNet”（图6-52）。

由于此次蒙版边缘的识别度不是太好，于是勾选“展开蒙板设置”，再勾选“复制到文生图ControlNet重绘中”，设定蒙版扩展量为20，点击“更新蒙版”按钮，扩充蒙版的边缘像素（图6-53）。

来到“图生图”界面上方，展开“ControlNet

图6-51 GroundingDINO识别沙发

图6-51：红色方框内为识别区域，GroundingDINO识别出了一个完整的沙发形态。

插件面板”，切换到“单元1”并勾选“启用”和“Crop input image based on A1111 mask”，控制类型选择“局部重绘”，预处理器选择“inpaint_global_harmonious”，输入提示词“sofa”，重新生成沙发。可以看到，Stable Diffusion严格按照指定的蒙版区域生成了新的沙发造型（图6-54）。

图6-52 预览分离结果

图6-52：预览分离结果，对第三张蒙版的效果比较满意，将其选中。

通过对Segment Anything插件的深入了解，发现其抠图功能在图像处理领域具有广泛的应用前景。相较于传统方法，该插件的出图效率高，调整更为灵活，是精准修图的理想工具。其上传重绘蒙版和ControlNet两大功能，为用户提供了更为精细的图像处理方法，使得图像的局部修改更加精准高效。

二、面部修复

由于参数错误、低质模型的使用或分辨率限制，在利用Stable Diffusion生成人物图像时，面部及手部损坏问题在所难免。此时，通过面部修复（ADetailer）工具，可锁定并自动修复受损部分。操作流程包括定位、确定区域和重新绘制优化三个阶段，从而完成对损伤区域的高效修复。

面部修复的操作界面分为检测、蒙版处理和重绘三个功能模块，与修复流程的三个环节相对应。这些模块提供了丰富的参数设置，使得用户能够对修复过程进行更加细致的调整和管理（图6-55）。

输入提示词“1girl”，尺寸设为256像素×400像素，模拟生成全身图时面部所占区域较小，导致图像出现错乱，得到1张面部绘制粗糙的低分辨率图像。固定其随机种子，展开“面部修复面板”，勾选“启用 After Detailer”，切换After Detailer模型到

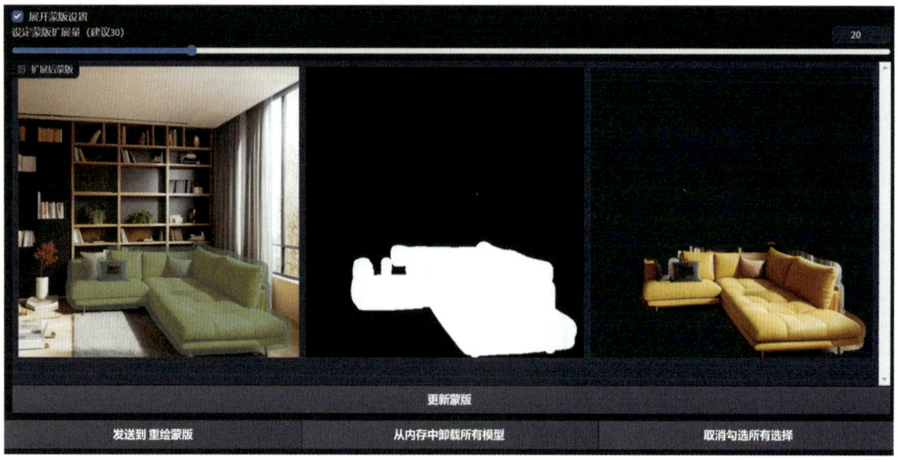

图6-53 蒙版扩展

图6-53：原来的蒙版中有一些边缘部分没有被选上，设定蒙版扩展量为20，填充漏选区域。

图6-54　ControlNet控制生图

图6-54：蒙版导入到ControlNet，生成效果比重绘蒙版更好。

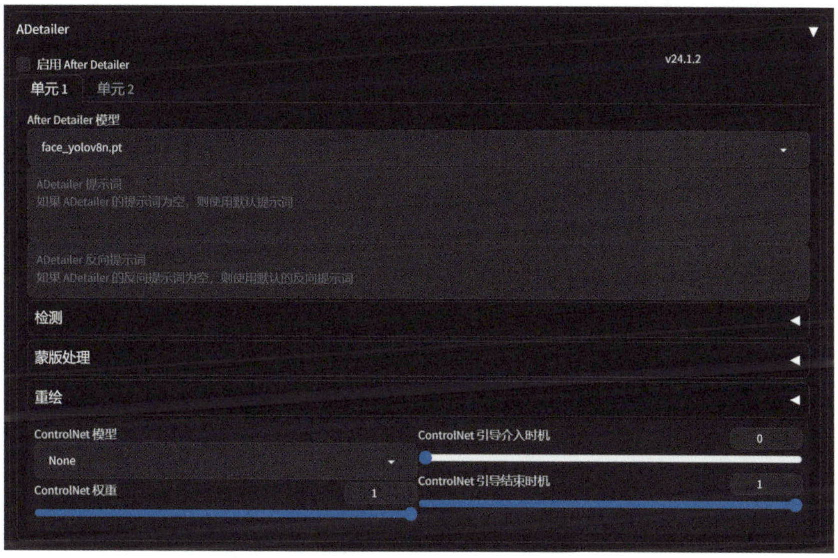

图6-55　ADetailer界面

图6-55：ADetailer界面中提供了不同的修复模型，也可以在提示词输入框中输入想要的面部效果，如输入“wear glasses”，可以让人物戴上眼镜。

“face_yolov8n.pt”，点击“生成”按钮，查看效果。可以发现原来人物面部中不合理的地方被自动修缮，五官也变得更加精致（图6-56）。

After Detailer模型的下拉菜单中提供了多种修复模型，常用的为以下两大类。

●face。用于处理面部细节。

●person。用于身体调整（图6-57）。

在处理技术方面，这些模型又可分为两个类别。

●YOLO。这种算法能够识别多种物体，适合于二次元图像的检测。

●MediaPipe。专为面部检测设计，经过优化大大提升了性能和准确度，适合于写实风格的图像。

文件名中的数字代表模型版本，紧随版本号之

（a）原图　　（b）修复图

图6-56　面部修复效果

图6-56：原图人物的五官刻画比较粗糙，开启After Detailer一键修复损坏面部，五官的形态得到细化，皮肤质感开始显现。

（a）面部识别 （b）面部修复 （c）全身识别 （d）全身修复

图6-57 不同部位修复

图6-57（a）：蓝色方框代表识别区域，整个面部被识别出来。
图6-57（b）：只对面部进行修复，五官的扭曲形态得到改善。
图6-57（c）：识别了人物全身的范围，用蓝色区域表示。
图6-57（d）：对人物进行全身修复，面部虽然得到了改动，但是修复效果不明显。

后的字母“s”“n”“m”，揭示了模型规模的差异。

●s（small）。模型体积较小。

●n（nano）。模型体积更小。

●m（middle）。模型体积适中。

在MediaPipe模型中，模型名称中的下划线之后跟随“full”“short”“mesh”“mesh_eyes_only”等4个不同的模型。

●full。检测点更多，因此能够捕捉到更多的面部特征，适合多人场景的面部修复。

●short。检测点相对较少，适用于单人场景的面部修复。

●mesh。在面部添加的检测点呈网状分布，从而全方位、立体化检测面部，这一模型特别擅长分析面部表情。

●mesh_eyes_only。用于检测眼部区域，为眼部修复提供更加细致入微的解决方案（图6-58）。

1. 检测

检测面板包含以下几项参数，均以滑动条的形式出现。

●检测模型置信阈值。这是决定检测有效性的重要参数。Detailer系统在执行面部检测任务时，会在识别出的面部上标注一个置信度分数，若将置信阈值设定为0.9，那么低于0.8的置信度将导致面部

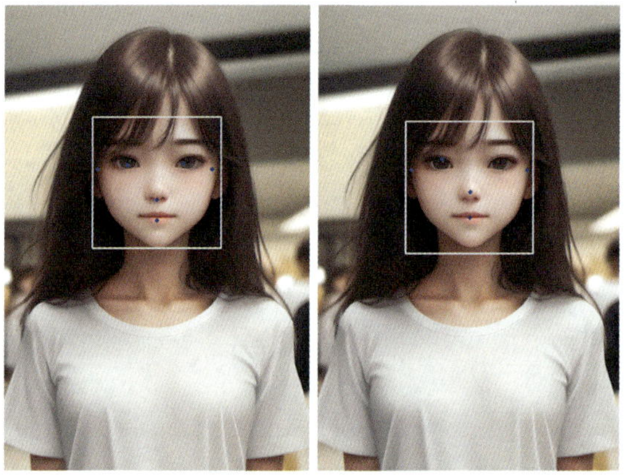

（a）MediaPipe_face_full （b）MediaPipe_face_short

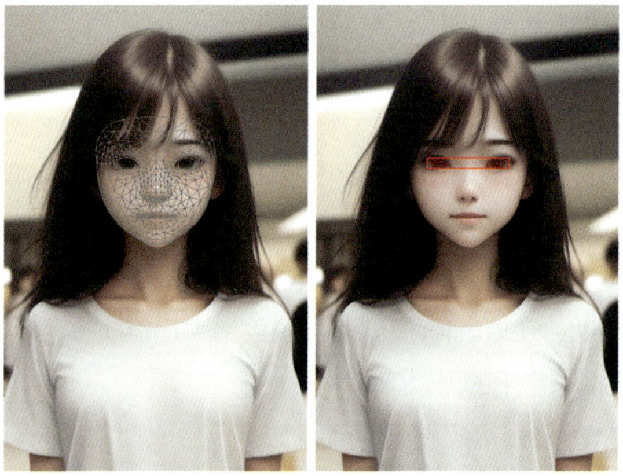

（c）MediaPipe_face_mesh （d）MediaPipe_face_mesh_eyes_only

图6-58 脸部修复

图6-58（a）：检测点分别分布在眼睛中心、鼻头、嘴唇和耳朵的位置，对其进行精准识别。
图6-58（b）：跟MediaPipe_face_full相比右眼处少了一个检测点，但区别并不明显。
图6-58（c）：网格覆盖在脸部区域，模拟出脸部的立体结构。
图6-58（d）：只检测到眼睛部位，用红色方框表示。

不被检测。针对单一面部图像，推荐采用0.3作为默认阈值，对于包含多个面部的图像，则需适当提升此阈值以优化检测效果。

●仅处理最大的前k个蒙版区域（0=禁用）。这是用于控制处理的最大蒙版区域数量。此参数与检测阶段所用的置信阈值具有相似的原理，但应用于不同的阶段。例如，在图像中存在5张面部时，将此参数设置为1，会导致Detailer只针对面积最大的面部进行修复操作；而设置为5时，则会对所有面部执行修复。

●蒙版区域最小比率/最大比率。当最小比率设为1或最大比率设为0时，面部修复功能将不被激活。若修复区域显得过大，可以通过提高最小比率或降低最大比率来缩小修复的有效区域（图6-59）。

2. 蒙版处理

蒙版处理中的各项参数如下。

●蒙版 X 轴（→）偏移。控制修复区域在图像中的X轴位置。

●蒙版 Y 轴（↑）偏移。控制Y轴位置，如将Y轴设为+90，就是将修复区域向上移动90个单位。

●蒙版图像腐蚀（－）/蒙版图像膨胀（＋）。控制修复区域的外扩与缩小（图6-60）。

3. 重绘

重绘面板中包括重绘阶段需要用到的参数。

●重绘蒙版边缘模糊度。指与局部重绘中的同名参数效果一致。

●局部重绘幅度。指对重绘区域的改动幅度，大部分参数都可以参考前文图生图设计的相关内容（图6-61）。

三、分块放大

常规图像修复与后期处理技术虽具有较高的实用价值，但受限于计算机显存容量，往往难以确保图像输出的稳定性。在此背景下，分块放大技术（Tiled Diffusion/VAE）的引入，为图像处理领域带来了划时代的变革。该技术实现了图像分辨率的显著提升，从512像素至2K像素、4K像素甚至6K像素级别，在减轻显存压力的同时，增添了丰富的细节，保持了原图的主要特征。

该分块放大技术通过将整幅图像细分为多个可管理的小区块，逐一进行处理，再利用高级拼接算法实现区块的无缝整合，从而有效缓解了人工智能绘制图像的计算负担。在这一过程中，Diffusion与

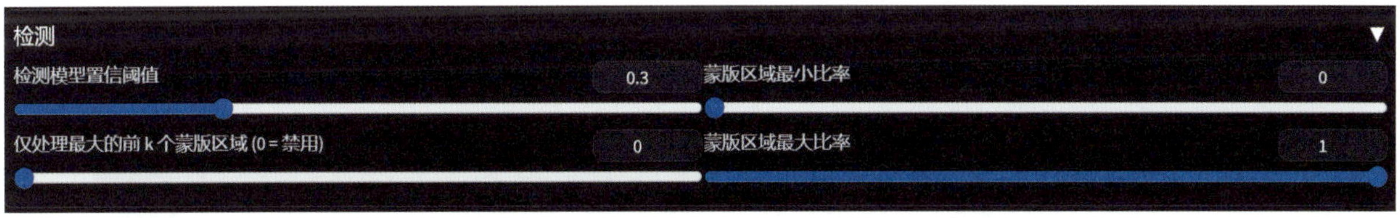

图6-59 检测

图6-59：检测面板中的4项参数均以滑动条的形式出现，主要是对蒙版数量的控制和对蒙版范围的调节。

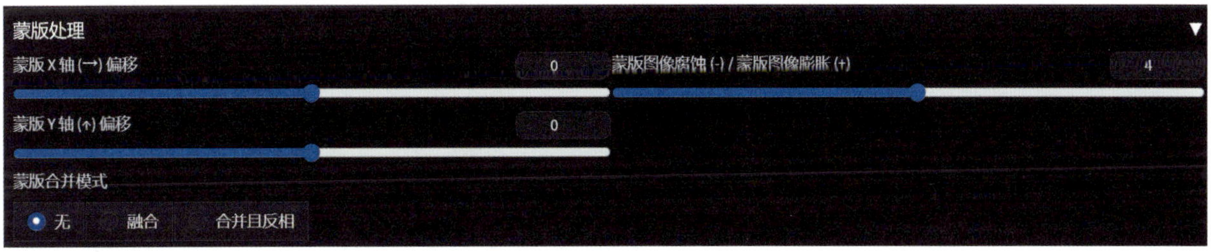

图6-60 蒙版处理

图6-60：蒙版处理中包括蒙版偏移、蒙版缩放等参数，一般保持默认。

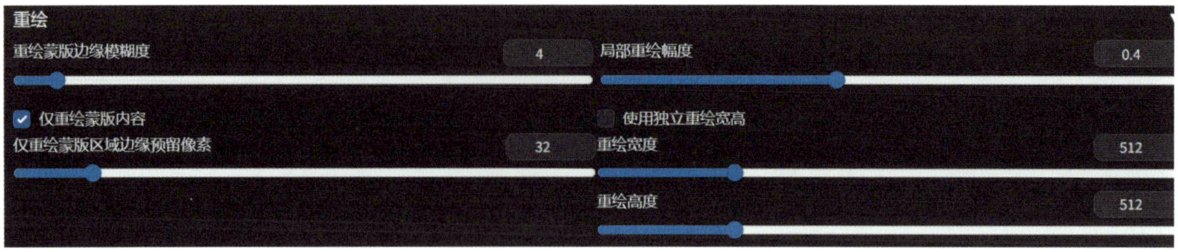

图6-61　重绘

图6-61：面部修复过程中所用到的各项参数，包括迭代步数、修复模型等默认与生图参数保持一致，需要调整时直接修改重绘面板中的参数即可。

VAE分别承担着图像扩散处理与编码的任务，共同促进图像质量的提升。

首先，导入512像素×512像素的低分辨率图像至图生图参考窗口，将重绘幅度设置为0.3，避免数值过高导致图像错乱。然后，激活“Tiled Diffusion”与“Tiled VAE”插件。在“Tiled Diffusion”面板中，选择“方案”下拉菜单提供的“Multi Diffusion”选项作为放大策略。设定“潜空间分块宽度/高度”为默认值，以保持图像分块的大小，同时将“潜空间分块重叠”设置为宽度的30%～50%以避免过渡生硬。此外，勾选“保留输入图像大小”，并将“放大倍数”调整为4。

“分块单批数量”指在一次处理中所划分的独立区块数量。为了提高处理速度，该参数通常设定为默认值4；然而，在显存资源受限的情况下，可适当降低至1，以适应硬件条件。此外“噪声反转”技术，其主要功能在于确保图像原始结构的完整性，防止在处理过程中受到干扰。然而这种技术的应用将不可避免地导致生成时间的增加，特别是在对图片进行较大倍数放大时，可以启用该功能（图6-62）。

Tiled VAE板块不需要太大变动，在生成时出现显存不足时应适当减小编码器区块大小，Tiled尺寸过小导致图像出现灰暗或不清晰的情况时启用编码器颜色修复功能。通过这些调整来优化图像生成的质量与效率（图6-63）。

采用以上参数将低分辨率图片放大4倍，查看生成效果（图6-64）。

四、Lora分层控制

使用Stable Diffusion出图时，经常会使用各种各样的Lora模型来达成特定的出图效果，如果只想

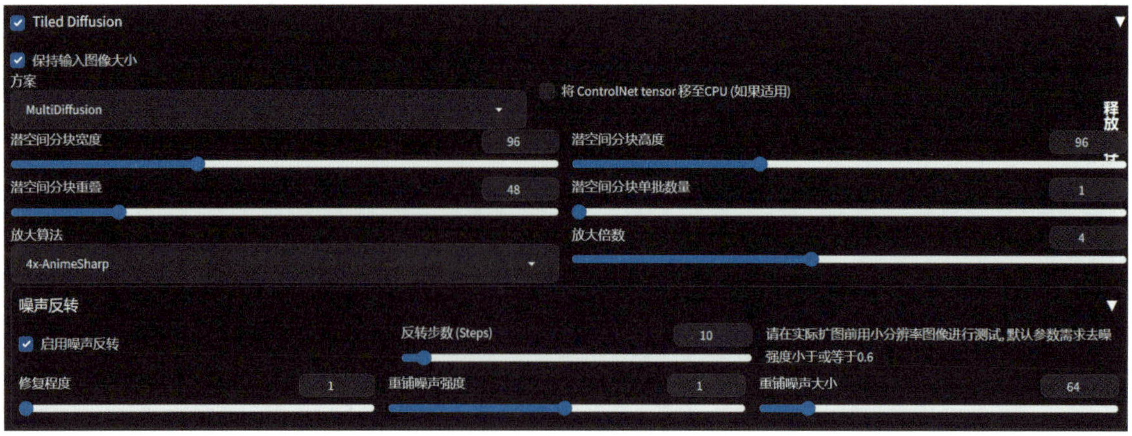

图6-62　Tiled Diffusion

图6-62：Tiled Diffusion控制扩散过程中的各项参数，指定将图像发送到潜空间中放大时所用到的参数。

控制局部元素，直接添加Lora很可能会对整体的画面效果造成污染，偏离理想效果。如使用特定人物Lora生成图像，往往也会一并改变背景。想要对Lora模型的效果实现精准控制，需要通过Lora分层控制插件来实现。

在互联网搜索插件“LoRA-Block-Weight”的链接地址，并复制到“扩展—从网址安装”中的“扩展的git仓库网址”中进行安装（图6-65）。

安装完成后来到LoRA-Block-Weight板块界面，点开下拉面板启用该插件。在“启用”选项旁的输入框可以看到一行字符串，代表作者设定好的分层类型（图6-66）。

LoRA-Block-Weight插件的作者为用户提供了10种分层类型。分层类型后跟随的17个数字代表将Lora的工作流程拆分为17个步骤，也就是17层，每层都控制不同的画面内容。分层类型决定着17层中

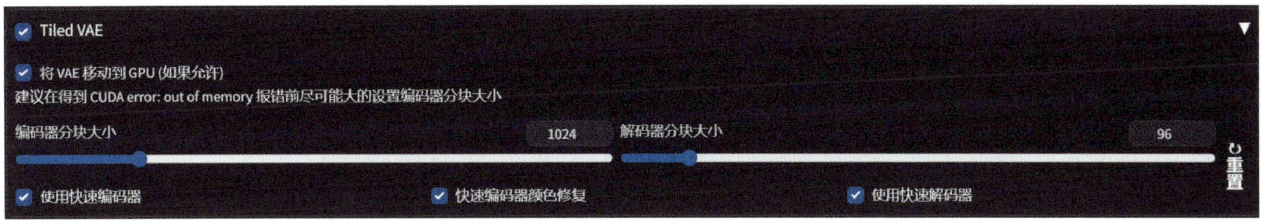

图6-63　Tiled VAE

图6-63：Tiled VAE在编码过程中，能指定编码器与解码器的分块大小。

（a）放大前　（b）放大后

图6-64　图像放大效果

图6-64（a）：图像放大前整体细节模糊，单纯的尺寸放大会损失很多细节。

图6-64（b）：图像放大4倍的处理效果，分辨率扩大的同时图像整体的饱和度提高。色块边缘得到锐化处理，图像中的物体轮廓更加清晰，眼睛、头发的细节大幅度增强。

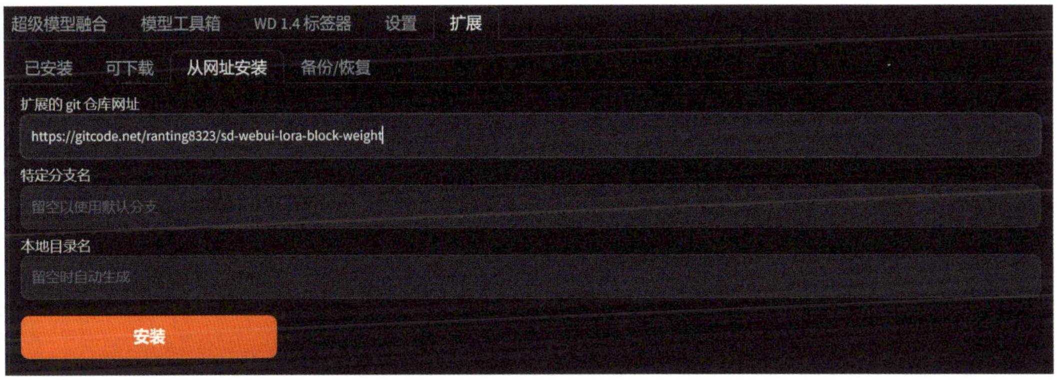

图6-65　安装LoRA-Block-Weight插件

图6-65：可以选择从网址安装，也可以在“已安装”选项卡中搜索“LoRA-Block-Weight”找到该插件进行安装。

哪些生效，哪些不生效，从而实现Lora对画面局部效果的精准控制。

其中，NONE每层权重为0，代表该Lora不起作用，ALL每层权重为1，代表该Lora在画面中所占权重为1，可以手动对标签的权重进行修改，或是新建标签（表6-1）。

脚本下拉菜单中选择X/Y/Z图表，“X轴类型”选择“Prompt S/R”，复制上方的标签字符串，将其粘贴至X轴值输入框，表示分别使用这十种分层类型下的Lora进行出图（图6-67）。

在界面上方的提示词输入框中输入提示词“1 girl”并添加Lora，将Lora设置权重的部分改写为“lbw=NONE”，设置完成之后点击“生成”，预览不同分层类型下的出图效果（图6-68、图6-69）。

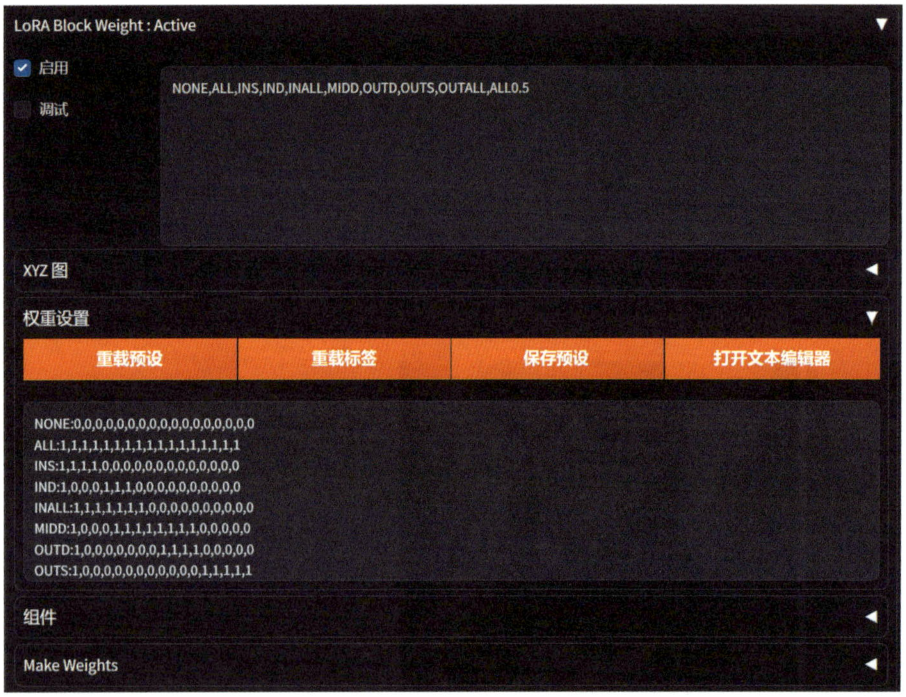

图6-66 LoRA-Block-Weight板块界面

图6-66：LoRA-Block-Weight板块界面预设好十款分层类型，每款分层类型所控制的画面内容各不相同。

表6-1 Lora分层控制内容、类型与层数

控制内容	分层类型	控制层数
不起作用	NONE	权重0
全部生效	ALL	权重1
背景	INS	2-4层
人物姿态、人物服饰	IND	5-7层
人物姿态、人物服饰、背景	INALL	2-7层
人物容貌、人物服饰、背景	MIDD	5-12层
人物容貌	OUTD	9-12层
上色风格	OUTS	13-17层
过拟合效果	OUTALL	9-17层
全部生效	ALL0.5	权重0.5

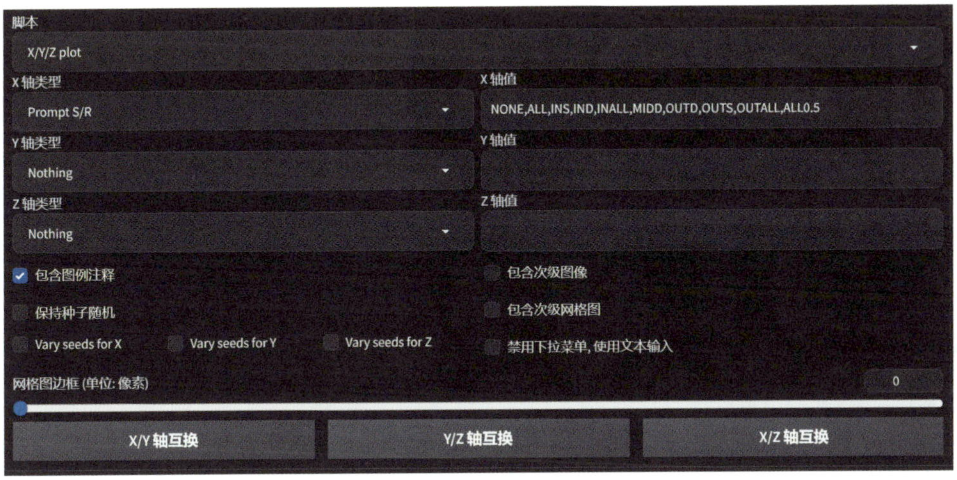

图6-67　脚本下拉菜单

图6-67：开启XYZ图表预览不同分层类型Lora的出图效果，比对各张图像之间的差异。

图6-68　3D风Lora出图效果

图6-68：这里使用Lora模型3D手办_v1.0，通过比对不同分层类型下的出图效果，最终得到符合要求的图像效果。

五、颜色控制

Cutoff插件能够精准控制图像颜色，避免不同元素区域之间相互污染。在使用Stable Diffusion出图时，受模型质量等因素影响，用提示词对人物服装或物品颜色等进行指定的方式并不完全靠谱，有时会出现不同区域的颜色相互掺杂、混合的情况，这种不良效果难以完全回避，采用重绘蒙版等方式去除又比较耗费时间。这时，使用Cutoff就可以很好地解决问题，实现对图像色彩的精准控制。

在互联网搜索插件“Cutoff”的下载链接，并复制到“扩展—从网址安装”中的“扩展的git仓库网址”中进行安装（图6-70）。

安装完成后来到Cutoff板块界面，点开下拉面板启用该插件。“分隔目标提示词（逗号分隔）”下方的输入框用于输入想要在画面中出现的颜色。权重即Cutoff在画面中起到的影响力，Cutoff不起作用或作用较小时可适当调高（图6-71）。

在界面上方的提示词输入框中输入提示词“a girl, orange hair, green eyes, white top, blue skirt, red scarf, highres, absurdres”，在Cutoff输入框中按照提示词中出现的颜色顺序依次输入“orange, green, white, blue, red”，权重保持默认的0.5，之后点击生成查看效果。与不开启Cutoff时生成的图像相对比，画面颜色的控制效果进一步增强（图6-72、图6-73）。

图6-69　仙侠风Lora出图效果

图6-69：这里使用Lora模型仙侠江湖_v1.0，通过切换不同的分层类型，可以实现人物容貌、动作、服饰、背景的分开控制，让Lora的使用更加灵活。

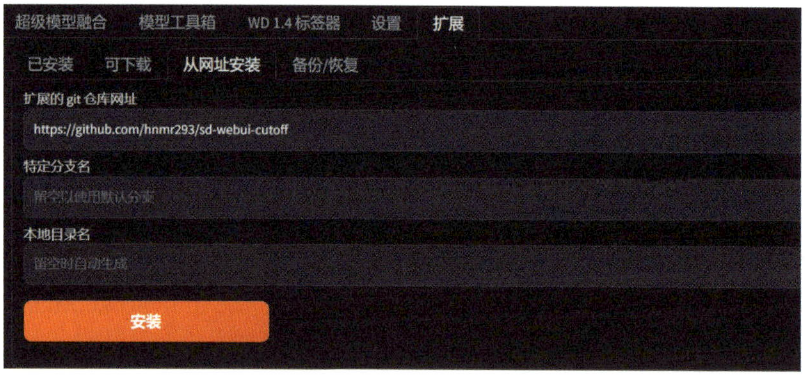

图6-70　安装Cutoff插件

图6-70：可以选择从网址安装，也可以在“已安装”选项卡中搜索“Cutoff”找到该插件进行安装。

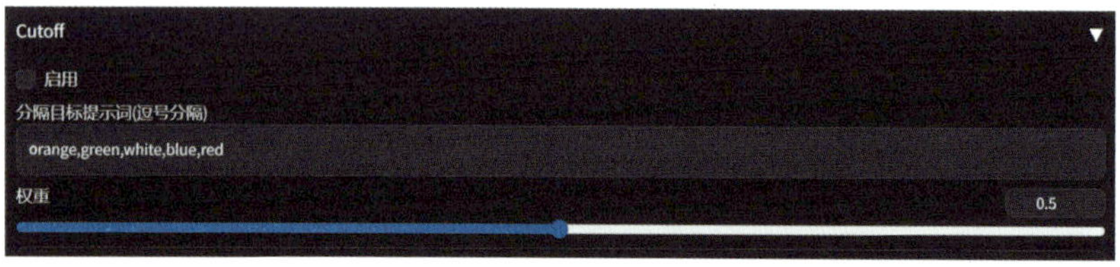

图6-71　Cutoff板块界面

图6-71：Cutoff板块界面主要包含分隔目标提示词和权重这两项参数，输入与画面内容相对应的提示词即可达到控制画面颜色的效果。

（a）不启用Cutoff

（b）启用Cutoff

图6-72　蓝裙生成图

图6-72（a）：通过提示词设定好的白色上衣与蓝色相混合，裙子变成绿色，与理想中的出图效果相差甚远。

图6-72（b）：经过Cutoff插件的修正，服装颜色最终正确。

（a）不启用Cutoff

（b）启用Cutoff

图6-73　黑裤生成图

图6-73（a）：输入提示词“a girl, yellow hair, blue eyes, blue top, black trousers”，人物裤子的颜色并没有按照提示词给出的要求生成，而是由黑变黄。

图6-73（b）：通过启用Cutoff插件，最终得到符合预期的色彩搭配。

六、提示词相关性修复

提示词相关性（CFG Scale Fix）这一概念在第一章文生图设计中提到过，相关性越高，生成图像与提示词的关联性越强，但同时也更容易出现生硬不自然的画面效果。Dynamic Thresholding插件的功能就是修复过高CFG 值所造成的崩坏效果，纠正图像扭曲和过高饱和度，在提高画面与提示词相关性的同时，让生成图像的效果更加符合预期。

在互联网搜索插件“Dynamic Thresholding”的网址链接，并复制到“扩展—从网址安装”中的“扩展的git仓库网址”中进行安装。

安装完成后来到Dynamic Thresholding板块界面，界面内包含的参数非常简单。Mimic CFG Scale即模拟提示词相关性，默认为7，启用该插件后，生成图像所用到的CFG Scale值应大于Mimic CFG Scale值（图6-74）。

展开高级选项下拉菜单，Top percentile of latents to clamp指要钳制的潜变量的最高百分比，若CFG Scale值较高保持100，中等则拉到95～100之间。按照开发者建议，Mimic Scale Scheduler与CFG Scale Scheduler都选择“Half Cosine Up”，Minimum value of the Mimic Scale Scheduler拉到3或4，其余参数保持默认（图6-75）。

输入提示词“masterpiece, best quality, little girl, brown curls, green dress, long sleeves, wreath, plant decorative pattern, red gloves, smile, forest, yellow eyes, upper body”开启“Dynamic Thresholding”并保持以上参数，对比不同Scale值下的生成效果（图6-76）。

虽然在高Scale值下依然没有崩图，但是发现生成图像饱和度降低，显得过于暗淡，且与提示词关

图6-74　Dynamic Thresholding板块界面

图6-74：Dynamic Thresholding板块界面包括Mimic CFG Scale值，拖动滑块或可对其参数进行调整。

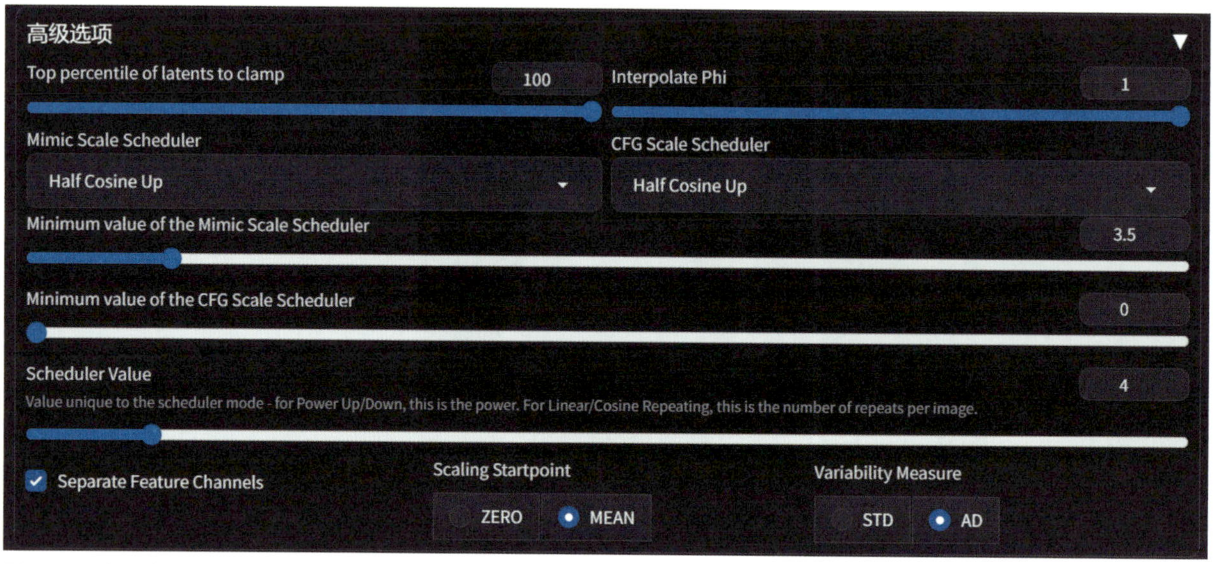

图6-75 高级选项板块界面

图6-75：高级选项主要调整Mimic Scale Scheduler与CFG Scale Scheduler，其余参数保持默认即可。

图6-76 Half Cosine UP

图6-76：Mimic Scale Scheduler类型选择Half Cosine UP时，生成图像画面暗淡，不能很好地反映输入提示词。

图6-77 Linear Down

图6-77：Mimic Scale Scheduler类型选择Linear Down时，Scale值升高的同时饱和度逐渐提高，但是依然没有崩坏、颜色污染的情况发生。

联较小，尝试使用其他的Mimic Scale Scheduler类型（图6-77）。

可以看到，Linear Down不仅在高Scale值的情况下没有崩图，出图质量也比较符合预期。与不开启Dynamic Thresholding时生成的图像相对比，差距一目了然（图6-78）。

（a）不开启Dynamic Thresholding （b）开启Dynamic Thresholding

图6-78 开启Dynamic Thresholding

图6-78（a）：高饱和绿色对画面造成严重污染，使图像效果大打折扣。

图6-78（b）：图像质量维持正常水平，饱和度和光效较强，较高的Scale值没有对图像造成破坏。

七、一键生成动图

自Stable Diffusion开源以来，许多开发者陆续发布了能够制作视频的功能插件。其中一键生成动图（AnimateDiff）以丝滑流畅著称，接下来示范使用AnimateDiff制作简短动图的操作流程。

1. 安装AnimateDiff

在互联网搜索插件“AnimateDiff”的网址链接，并复制“扩展—从网址安装”中的“扩展的git仓库网址”，点击“安装”，应用更改并重启（图6-79）。

2. 下载模型

前往网站下载mm_sd_v15_v2.ckpt动画模型，将其放入根目录下方的“extensions\sd\webui\

图6-79 安装AnimateDiff

图6-79：输入网址，除在Stable Diffusion本地安装外，还可以直接点击该网址下载AnimateDiff压缩包，或是在扩展中选择“可下载”，点击“加载自”，输入AnimateDiff，点击安装，下载完成后，即可在文生图界面找到该插件。

图6-80 下载动画模型

图6-80：该路径中必须有一个动画模型，否则无法处理动画，除该模型之外，还可以下载其他动画模型。

animatediff\model”文件夹（图6-80）。

3. 填入提示词

输入提示词“((bestquality)), ((masterpiece)), ((realistic)), (detailed), (1girl)women, hoodie, upperbody, portrait, long hair, bangs, greyeyes, lookingatviewer, pinkhair, solo, detailedback-

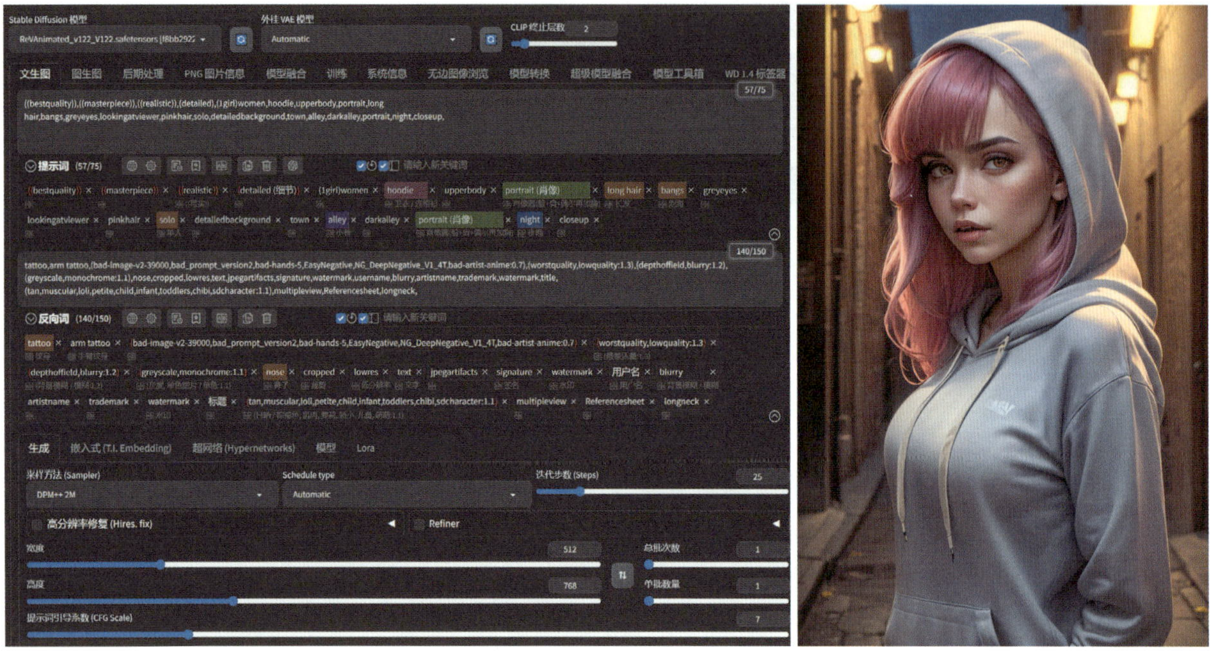

（a）提示词　（b）生成图

图6-81　填入提示词

图6-81（a）：后续将使用该参数生成动图，尺寸不宜过大，设为比较常规的尺寸768像素×512像素。

图6-81（b）：提前预览图像生成效果，经过调试提示词最终得到比较满意的画面效果。

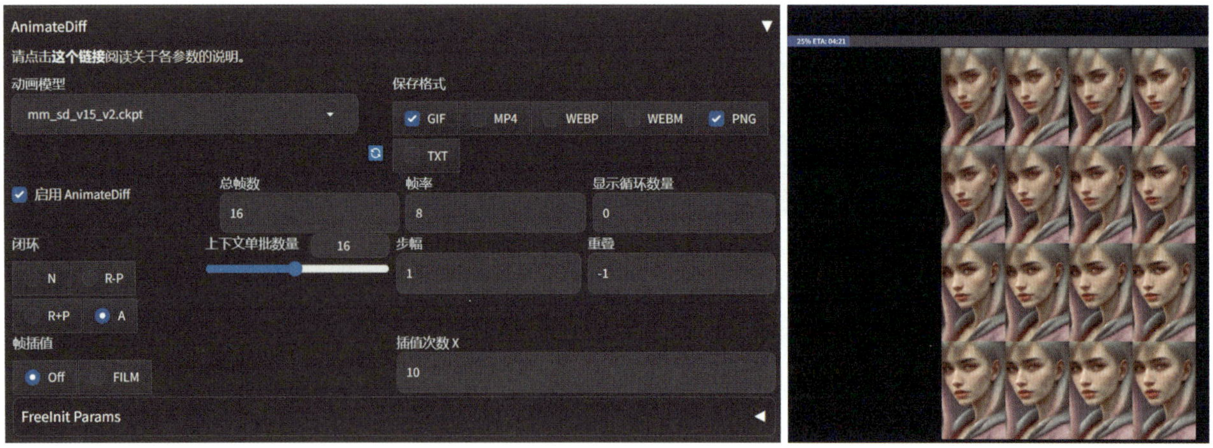

（a）控制人物姿态设置　（b）生成动图

图6-82　一键生成动图

图6-82（a）：通常情况下只需要调整总帧数和保存格式，AnimateDiff支持导出MP4、WEBP等格式，闭环这里根据喜好开启，选择N即可关闭动图闭环。

图6-82（b）：点击“生成”按钮后，绘图查看区逐步显示每一帧画面，等待读条完毕后即可预览动图效果。

ground, town, alley, darkalley, portrait, night, closeup”，大模型选用“ReVAnimated_v122_V122.safetensors”，迭代步数设为25，开启面部修复插件，先生成1张图像查看效果（图6-81）。

4. 开启AnimateDiff

展开AnimateDiff插件面板，勾选“启用AnimateDiff”，保存格式选择GIF与PNG，总帧数改为16，帧率保持默认的8，生成2秒动图，8帧/秒，“闭环”选择A，表示视频首尾相连，其余参数保持默认，点击“生成”按钮，就能生成2秒动图（图6-82）。

八、真人视频转AI

真人视频转AI中的ControlNet m2m是一个脚本，可以根据导入的视频生成新的视频内容。

1. 允许控制

点击设置选项卡，勾选“允许其他脚本控制此扩展”后保存设置并重载UI（图6-83）。

2. 生成提示词

准备时长5秒的真人视频，截取其中1帧图像，将其导入到图生图参考图窗口中，能用于生成反推提示词，将提示词稍加修改后，再复制到文生图提示词输入框（图6-84）。

3. 开启ControlNet

在“文生图”界面的ControlNet功能区内，进行两项ControlNet单元配置，视频帧被逐一导入至这两个单元。单元1中“控制类型”设定为“OpenPose”（姿态），并采用“openpose_hand”作为预处理工具。单元2中“控制类型”设定为“Depth（深度）”，并将“控制权重”设置为0.5，同时利用“depth_zoe”进行预处理。

此外，为了保障生成图像的完整性与美观性，本研究采用了一个先进的动漫大模型，并开启了面部修复功能以预防图像生成过程中的潜在损伤。最终，通过点击“生成”按钮，对图像生成的最终效果进行了评估（图6-85、图6-86）。

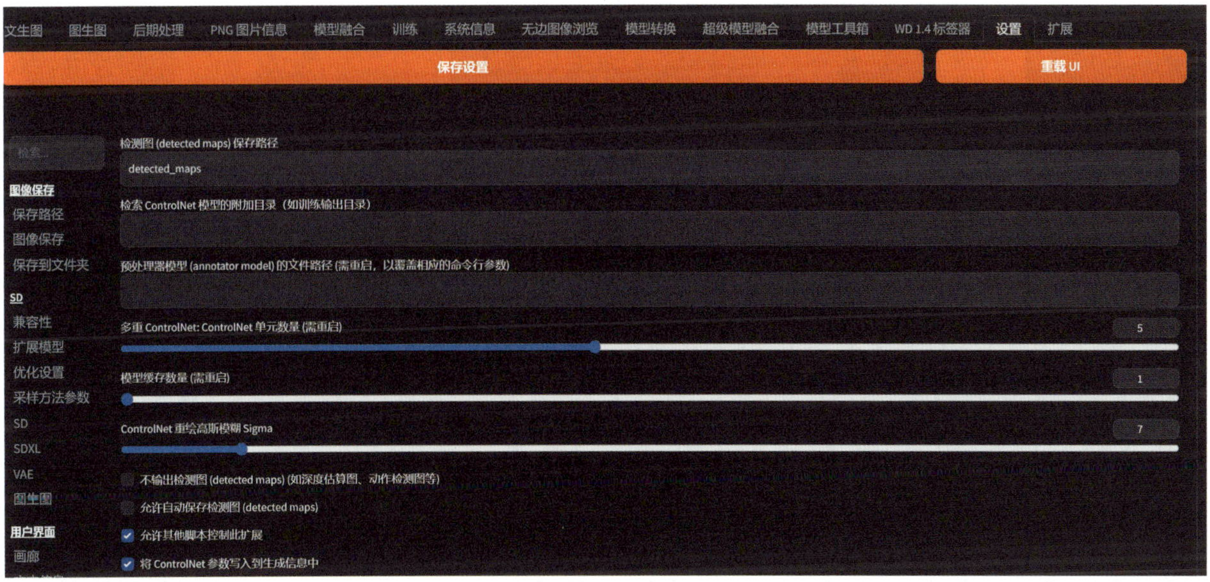

图6-83　允许控制

图6-83：勾选该选项，否则ControlNet m2m无法将从视频中截取出来的图片发送到ControlNet。

图6-84　生成提示词

图6-84：将视频截图导入到图生图参考图窗口，点击“反推”按钮以图片内容为基础生成提示词。

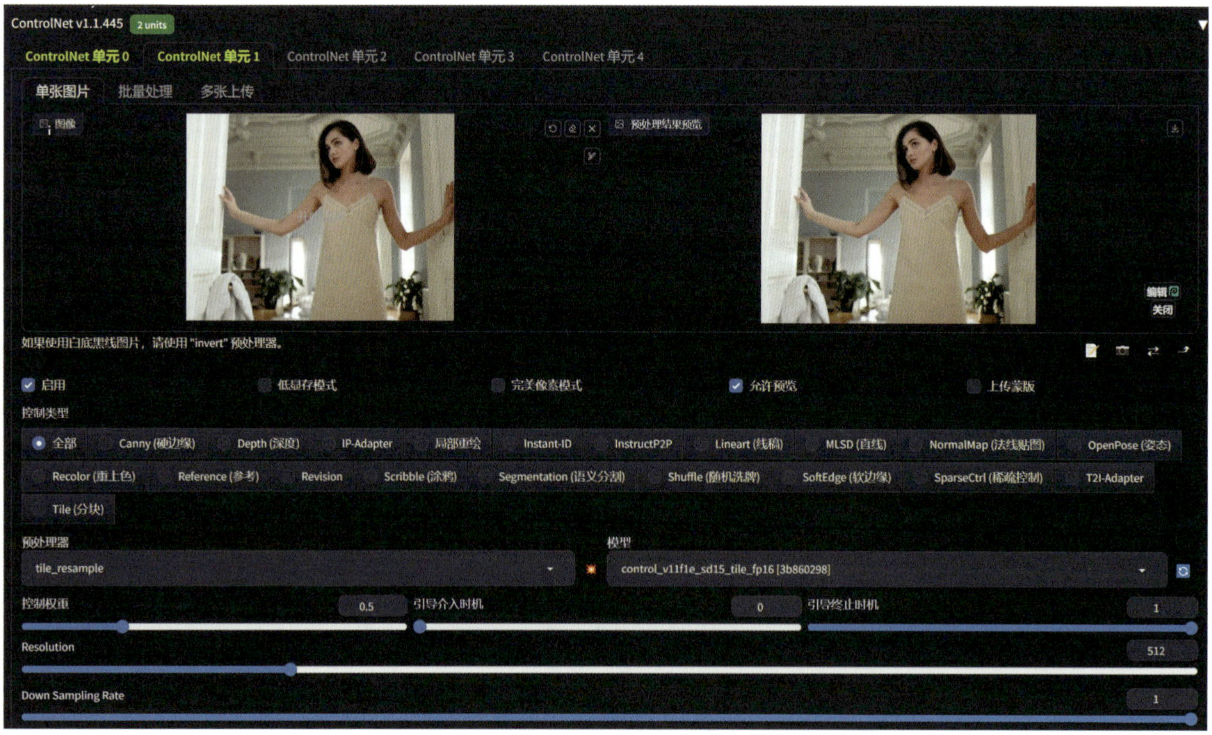

图6-85　开启ControlNet

图6-85：OpenPose的控制权重不宜过大，否则容易出现低饱和度的画面效果。

图6-86 生成视频截图

图6-86：生成后的效果基本还原了视频中真人的姿态与外貌服饰。

4. 生成视频

固定随机种子，在脚本中找到“ControlNet m2m”，在面板中导入4秒视频，回到上方界面点击“生成”按钮，开始将视频切帧，逐张生成图像。生成完毕后，打开图片存放路径即可预览（图6-87）。

第四节 高级功能与插件出图案例解析

合理运用Stable Diffusion中的高级功能与插件，可以观察到其对图像质量所产生的显著提升效果。下面通过具体应用案例，详细阐述相关操作技巧，旨在为读者提供实用性指导。

一、人物面部优化

针对人物面部优化的议题，需关注在图像生成过程中可能出现的面部损坏问题。这类问题往往源于不恰当的参数配置或图像分辨率不足。在这种情况下，运用面部修复插件及图生图重绘功能，成为一种高效解决策略。这些工具不需设置复杂参数，使得图像优化过程迅速而简便。例如，在“图生图”界面中，可以导入一个多人场景的原始图像（分辨率为768像素×512像素），并利用面部修复功能进行重生，从而改善图像质量（图6-88、图6-89）。

（a）导入视频　　（b）生成视频

图6-87 生成视频

图6-87（a）：导入长度为几秒钟的视频，其余参数保持默认。

图6-87（b）：ControlNet m2m自动将视频内容切帧处理，逐张生成图像。

（a）原图

（b）修复图

图6-88　校服女孩生成图

图6-88（a）：这里用到的采样方法为Euler a，提示词为“highres, absurdres, many girls, school uniform”，迭代步数为25，由于模型质量和图像分辨率的限制，画面中的多个人物出现脸部损坏。

图6-88（b）：将原图导入到图生图界面，开启面部修复，放大倍数设为2，重绘幅度为0.4，大模型选择majicmixRealistic_v6，再次进行生成，图像质量得到了很明显的优化。

（a）原图

（b）修复图

图6-89　职场女孩生成图

图6-89（a）：这里用到的采样方法为Euler a，提示词为“highres, absurdres, many girls, overalls”，迭代步数为25，由于模型质量和图像分辨率的限制，画面质量偏低。

图6-89（b）：将原图导入到图生图界面，开启面部修复，放大倍数设为2，重绘幅度为0.4，大模型选择majicmixRealistic_v6，再次进行生成，服装材质、五官及头发的质感都得到了很好的提升。

二、线稿着色

无论运用传统绘画媒介还是数字化工具，追求精细完整的作品，往往伴随着对时间与精力的巨大消耗。得益于Stable Diffusion技术的不断进步，尤其是ControlNet功能的创新性应用，设计师可以轻松导入手绘线稿，通过技术控制，迅速完成作品的色彩填充，极大缩短了创作周期，提升了创作效率，从而为艺术创作领域带来了全新的高效便捷模式。

自行绘制或上网下载一张二次元黑白线稿，导入ControlNet窗口，启用“ControlNet”，控制类型选择“lineart（线稿）”，预处理器选择“lineart_standard（from white bg & black line）”，保证白底黑线图能够被有效识别，点击“爆炸”按钮预览，生成线稿后提取线稿图（图6-90）。

提示词留空，点击“生成”按钮，让Stable Diffusion自由发挥，得到两张着色图像。虽然基本还原了原图的人物造型，但画面效果并不突出，缺少质感（图6-91）。

将图片导入到图生图参考图窗口，重绘幅度设

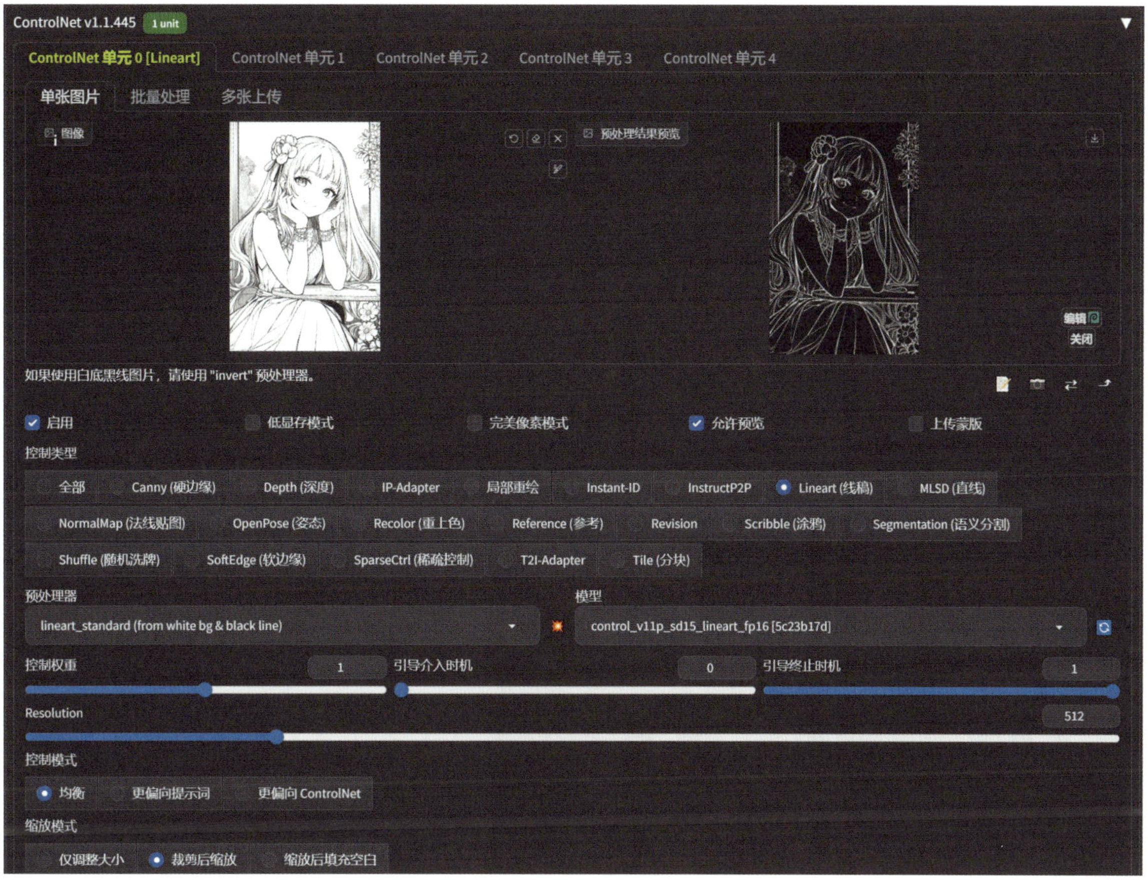

图6-90　ControlNet参数设置

图6-90：线稿导入ControlNet参考图窗口，记得将参考图大小发送到图片生成尺寸，防止出现不良效果。

（a）黑白线稿　　（b）低饱和配色　　（c）红白配色

图6-91　线稿一键上色

图6-91：随机生成，查看同张线稿两种不同的配色方案，虽然着色效果已经基本体现，但是单色平涂的效果给人的观感不够丰富，需要进一步提升。

置为0.5，再次进行生成，最后使用后期处理将缩放比例设置为3倍，图像质量大大提升（图6-92）。

三、涂鸦生成图像

线稿一键上色的方法虽然简单实用，但对没有美术基础的用户而言，手动绘制完整线稿比较困难，线条的细化和修整又比较消耗时间和精力。这时，使用ControlNet中的控制类型Scribble，可以直接完成从涂鸦到成图的转变过程，让没有绘画基础的用户也能轻松完成图像的创作。这里使用鼠标绘制了几张比较抽象的涂鸦，表现出画面大致的形态即可（图6-93）。

导入ControlNet窗口，启用“ControlNet”，控制类型选择“Scribble（涂鸦）”，预处理器选择“invert (from white bg & black line)”，保证白底黑线图能够被有效识别。回到界面上方输入相关提示词，点击“生成”按钮，查看效果（图6-94、图6-95）。

（a）低饱和配色图优化

（b）红白配色图优化

图6-92　图生图优化

图6-92（a）：将低饱和配色图导入到图生图再次生成，相比原图增加了更多细节，如头发高光、衣裙褶皱和眼睛质感的细化，完成度更高。

图6-92（b）：将红白配色图导入到图生图再次生成，相比原图增加了眼睛细节，同时周边配景的质感也得到了提升。

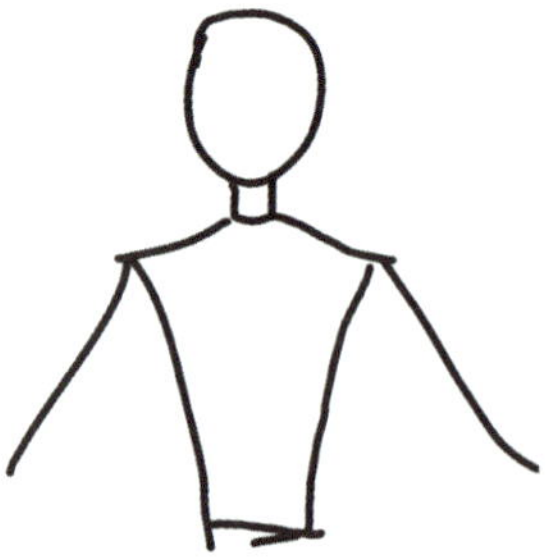

（a）人物涂鸦

（b）风景涂鸦

（c）山脉涂鸦

（d）动物涂鸦

图6-93　抽象涂鸦

图6-93（a）：表达出人物最基本的动作姿态，画火柴人也能获得不错的效果。

图6-93（b）：用几根简单的线条表现出河流的走向，稍微体现一下纵深关系。

图6-93（c）：大致画出山脉的形态，远景交给Stable Diffusion自由发挥。

图6-93（d）：关于一匹马的涂鸦，轮廓不要画得太方正，防止识别错误。

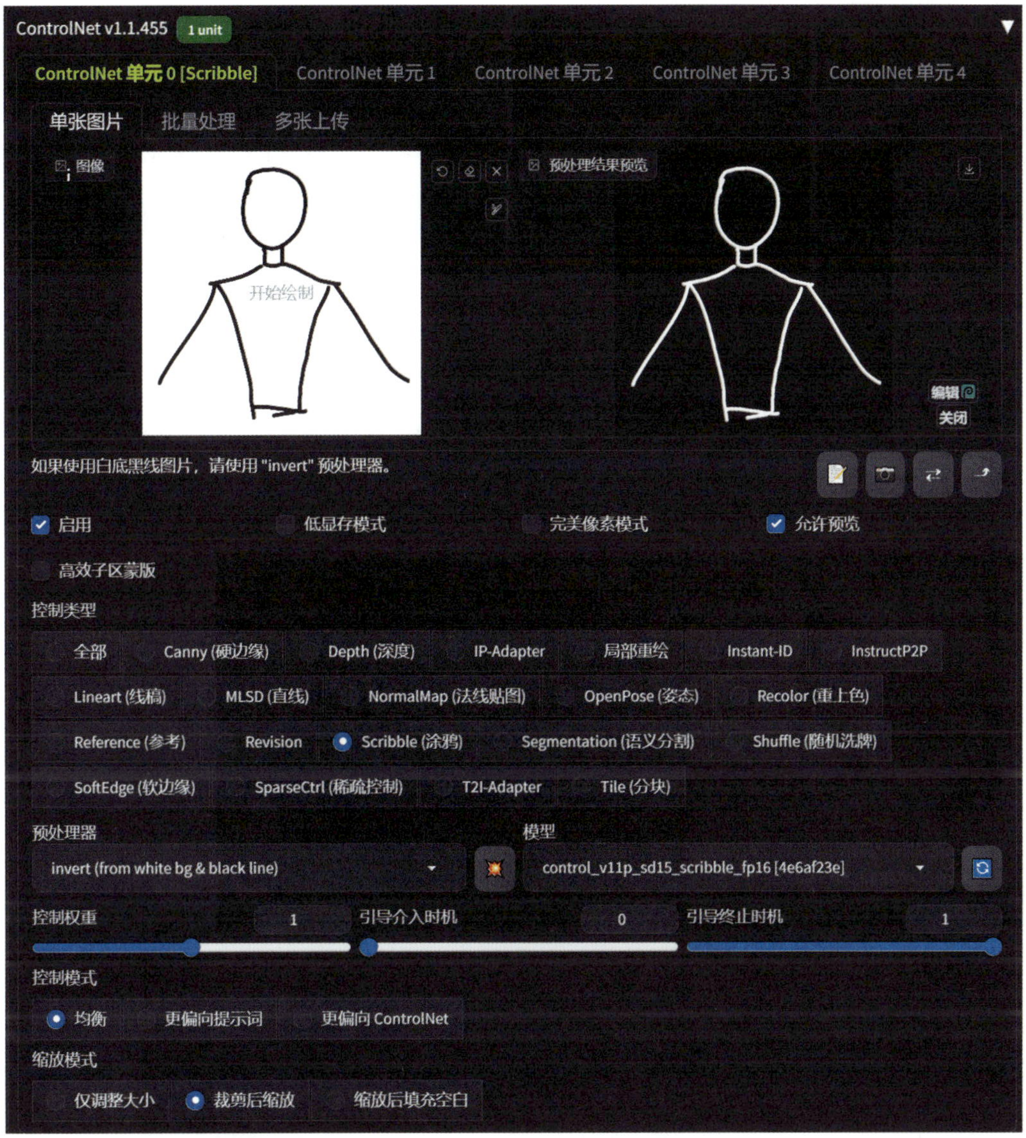

图6-94 ControlNet设置

图6-94：表达出人物最基本的动作姿态，画火柴人也能获得不错的效果。

四、人物姿态控制

导入ControlNet一张人物动作参考图，勾选“启用”和“允许预览”。“控制类型”选择“Openpose（姿态）”，想要生成同款姿态的二次元人物，于是“预处理器”选择“openpose_hand”，点击“爆炸”按钮，预览效果，识别图中人物的肢体动作与手指形态（图6-96）。

通过观察可以发现识别出的人体骨骼图与动作参考图并不完全匹配，如人物左手手掌未能识别完全，与手腕相分离，这时点击“预处理结果”预览窗口与右侧的“编辑”按钮，进入到“SD-WEBUI-OPENPOSE-EDITOR”界面（图6-97）。

在右侧的姿态控制面板下的“person2”下拉选项中找到Left Hand，点击“×（删除）”。之后点击

（a）人物生成图　（b）风景生成图　（c）山脉生成图　（d）动物生成图

图6-95　生成具象图像

图6-95（a）：输入提示词“1 girl, dress, long hair, upper body”，图像中人物的姿势与涂鸦一致。
图6-95（b）：输入提示词“creek, in a meadow, sky”，根据输入的提示词自动在涂鸦中识别到对应的元素进行生成。
图6-95（c）：输入提示词“mountain, in a meadow, sky”，不仅生成了山脉的形态，还为整幅图像自动补充了远景。
图6-95（d）：输入提示词“1 horse, in a meadow, flowers”，马的姿态严格按照涂鸦中的表现生成。

图6-96　导入ControlNet

图6-96：选择了一张侧卧的姿势作为参考图导入ControlNet界面，查看预览效果。

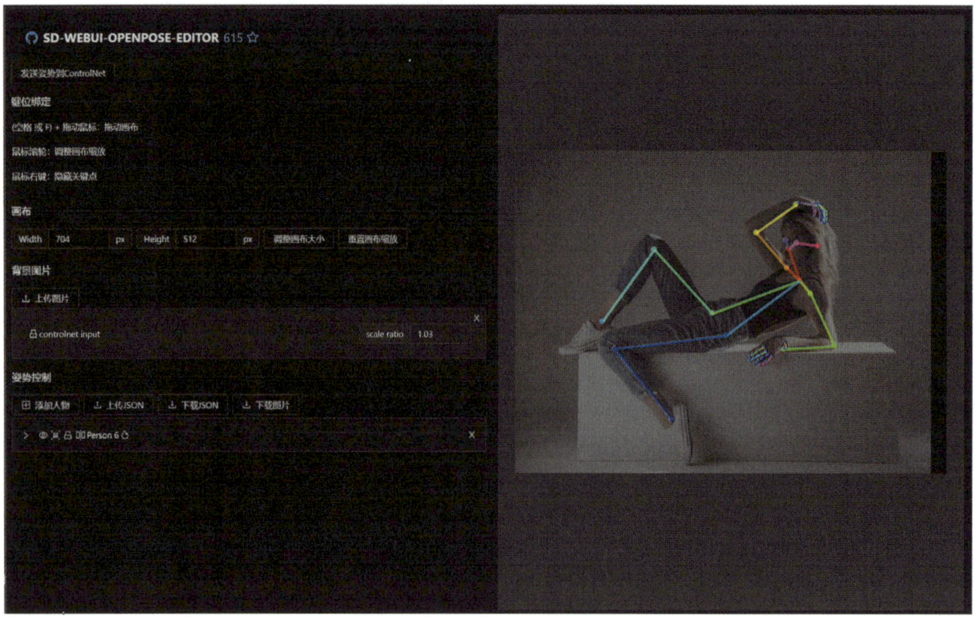

图6-97　编辑动作

图6-97：面对比较复杂的动作，openpose预处理器的识别并不精准，这时需要进入该界面对人体骨骼进行手动调整。

（a）删除左手

（b）添加左手

图6-98　删除与添加骨骼

图6-98（a）：点击“Left Hand”右侧叉号，删除人物左手骨骼。

图6-98（b）：点击“添加左手”添加新的左手骨骼。

“添加左手”，将当前姿态发送到ControlNet（图6-98）。

添加完新的左手形态后，并不能直接对其姿势进行调整，先点击右上角的“发送姿势到ControlNet”，回到ControlNet界面，再次点击“编辑”进入“SD-WEBUI-OPENPOSE-EDITOR”界面，此时手指关节可以进行活动，拖动关节节点，对姿态进行修改（图6-99）。

姿态调整完毕后，再次将其发送到ControlNet，

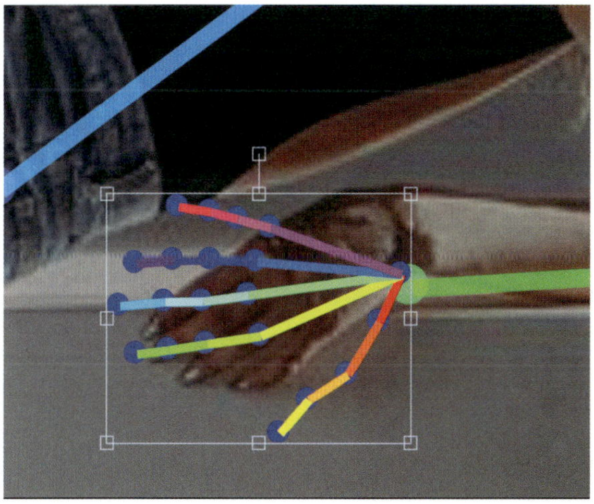

（a）调整手指

（b）调整动作

图6-99　编辑骨骼

图6-99（a）：得到完整的左手形态，将左手摆放到合适的位置，与手腕对接上。

图6-99（b）：对身体其他部位的姿态进行调整，如延长双脚长度，移动右于位置等，防止出图时产生不良效果。

回到文生图界面上方，输入提示词“highres, absurdres, I girl, white hair”，生成指定姿态的二次元人物造型。为了防止生成扭曲形态的手指，添加修手Lora，并开启“高分辨率修复”（图6-100）。

（a）短裙　（b）连衣裙　（c）长裤

图6-100　姿态控制生成图

图6-100：添加了修手Lora生成的3张二次元人物图像，都保持在ControlNet设置的侧躺姿势。由于生成人物全身时非常容易崩手，这里使用了手部修复Lora，如果画面还是出现了不可控的损坏，需要将其发送到图生图界面进行重绘，调整手部的同时进一步提升细节，可以有效解决问题。

五、人物位置分区控制

在文生图界面中，开启“Tiled Diffusion”和“Tiled VAE”，启用“分区提示词控制”（图6-101）。

打开“分区提示词控制”下拉菜单，点击“创建文生图画布”，打开“启用区域1”，将画布中的红色方块拉伸放大，在“正向提示词”输入框中输入“1 girl, white shirt, black short hair, smile, sit on the grass, looking at viewer”（图6-102）。

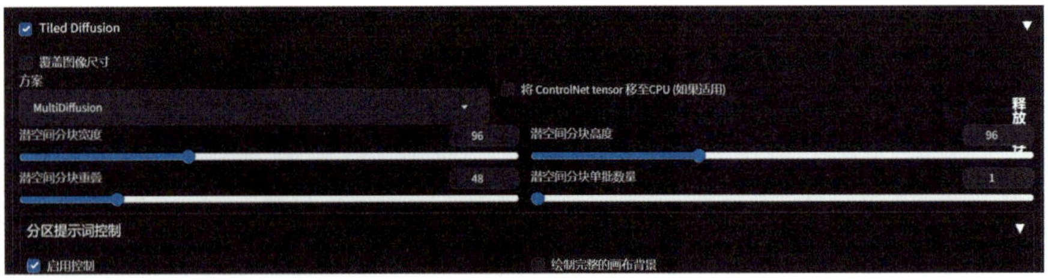

图6-101　启用分区提示词控制

图6-101：打开分区提示词控制下拉面板，勾选“启用控制”，否则该功能不起作用。

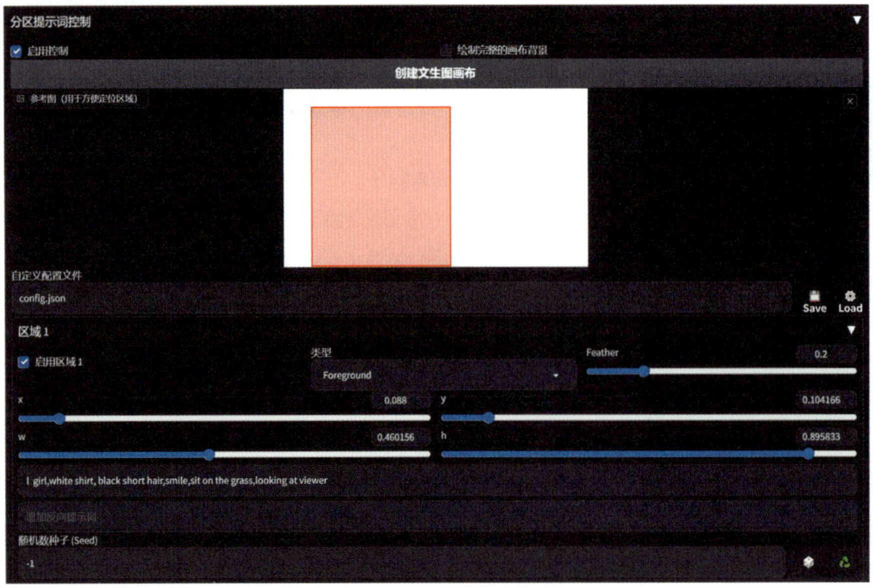

图6-102　启用区域1

图6-102：对第1个区域的生成内容进行指定，调整区域范围时，既可以直接拉伸方形区域，也可以在下方调整方形的宽高以及其在X轴、Y轴中的位置。

打开“启用区域2”，类型选择“Foreground”，将画布中的橙色方块拉伸放大，范围要与区域1有部分重叠，在“正向提示词”输入框中输入“1 girl, dress, long blonde hair, sit on the grass, looking at viewer”（图6-103）。

启用“区域3”，类型选择“Background”，将画布中的黄色方块拉伸放大，覆盖整幅画布，“提示词”留空（图6-104、图6-105）。

在“文生图—提示词”输入框中输入“highres, absurdres, 8k, city, garden, blue sky, cloud, butterfly,”尺寸设为1920×1080，用于绘制背景，迭代步数改为30，这里使用模型AWPainting_v1.2.safetensors，点击“生成”按钮（图6-106）。

提示词改为“highres, absurdres, 8k, city, garden, starry sky, grasslands, many tents”，固定随机数种子，开启“OpenPose（姿态）”控制人物姿态，再次点击“生成”按钮（图6-107、图6-108）。

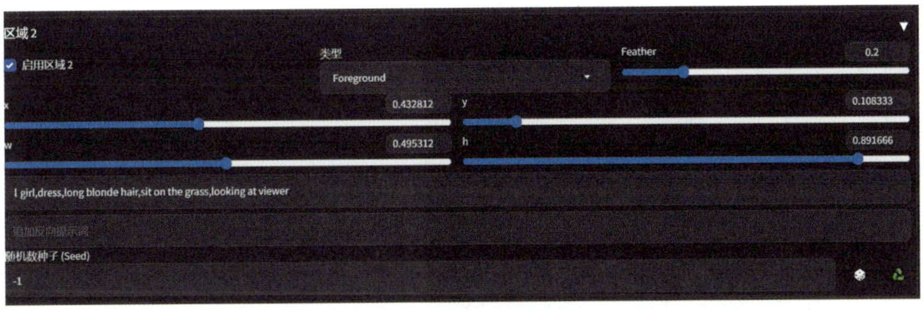

图6-103　启用区域2

图6-103：对第2个区域的生成内容进行指定，同样设定女孩的外貌、服饰和行为动作。

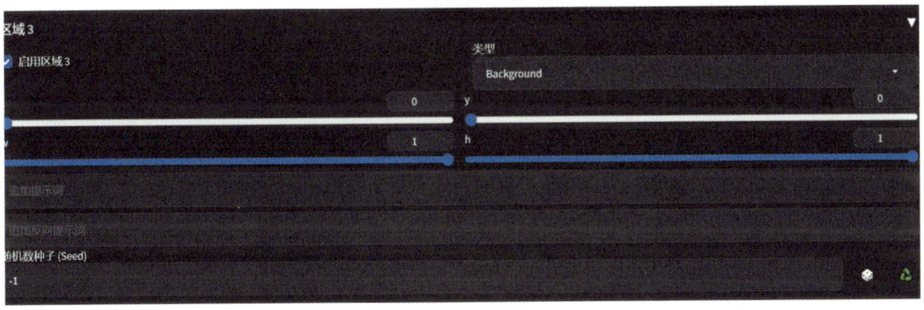

图6-104　启用区域3

图6-104：区域3用来绘制背景，如果不启用该区域的话，程序只会在上面两个区域内绘制图像。

图6-105　区域效果

图6-105：3个区域添加完成后，回到上方的空白画布，检查区域所占的面积大小与位置是否正确，避免出现错误。

图6-106　生成组合效果

图6-106：“文生图—提示词”输入框中的内容用于指定背景内容，可以看到两个女孩分别处于之前指定区域的中心位置，人物与画面的融合效果佳，并没有出现不和谐的地方。

图6-107　发送到ControlNet

图6-107：对这张生成图的效果比较满意，希望下一张生成图也保持同样的效果，于是将其发送到ControlNet识别人物动作。

图6-108　生成最终效果

图6-108：花园背景变为星空背景，人物依然保持原来的姿态，只有衣着服饰和面部表情发生了轻微变化，光照方向从右上方来光变为左上方来光。

本章小结：

通过对Stable Diffusion内置插件功能的深度发掘与应用，可以显著提升原始图像的细节品质，进而增强作品的视觉吸引力和艺术表现力。本章主要围绕Stable Diffusion中核心插件的操作方法及其运用技巧进行阐述，对操作步骤进行了逐一分解，并深入剖析了插件的功效原理。目的在于为读者构建一个全面的功能插件认知框架，以此拓展创作空间的边界，为艺术创作带来无限的可能性。

●课后练习

1. 目前有哪些主流的高清放大方法？它们之间的主要区别是什么？
2. 如何高效地利用语义分割插件提取图像中的目标对象？
3. 详细阐述如何运用面部修复工具提升人物面部的美观度？
4. 深入剖析分块放大工作流程及其在图像处理中的优势。
5. 运用ControlNet中的Lineart功能为线稿自动着色，探索并生成3～5套富有创意的配色方案。
6. 借助ControlNet的OpenPose功能，精准生成3～5张符合特定姿势要求的人物图像。
7. 利用Tiled Diffusion的提示词分区控制功能，以中国知名古典诗词为题材，制作2～3张主题鲜明的场景图像。

第七章

艺术设计案例深度解析

学习难度：★★★☆☆

重点概念：视觉传达设计、数字媒体设计、服装设计、环境空间设计、园林景观设计

章节导读：Stable Diffusion的应用价值远超娱乐与创意激发，它已经演变为一种助力创作者高效实现价值转化的可靠利器。这款工具不仅极大地拓展了艺术创作的领域，更在加速艺术作品变现的过程中展现出其独有的优势。本章将通过一系列实际案例，深入剖析Stable Diffusion的制作流程和生成图像的关键参数，引领读者领略AI绘画的无穷魅力，并掌握这一技能，实现创作价值的高速变现（图7-1）。

图7-1　人物插画生成图

图7-1：通过模型选择和提示词控制画面元素，轻松生成质感优秀的插画图像。线条模拟手绘效果，色彩鲜明，莫兰迪色系的运用使人感受到一种浓郁的复古情调。

第一节　视觉传达设计

随着科技的不断进步，Stable Diffusion 正日益广泛地应用在视觉传达设计领域。本节将深入探讨Stable Diffusion在实际设计工作中的广泛应用，呈现一系列包括写实风格摄影作品、商业插画设计以及艺术字设计的精彩案例。

一、写实风格摄影作品

在当今摄影界，AI绘画生成技术悄然崛起，以其独特魅力逐渐成为一股不可忽视的新生力量。得益于海量的摄影作品投入训练，这些先进的算法得以深入掌握人物摄影的内在规律与精湛技巧，从而缔造出令人惊叹的、细腻逼真的人物摄影佳作。借助Stable Diffusion的文生图功能，摄影师可以精细操控主题人物的形象、构图布局、艺术风格以及色彩调性等关键摄影要素，轻松实现低成本甚至零成本的照片创作。这些照片不仅呈现出难以区分真伪的高度真实画面效果，而且其超强的可调节性也大大降低了传统实地拍摄所需的时间与设备成本，为摄影师的创作提供了无限的可能与便利（图7-2）。

二、商业插画设计

商业插画普遍采用扁平化设计风格，其显著优势在于强烈的概括性和卓越的传达力。在电商平台商品展示、店铺开业宣传、海报设计等多个领域，这种插画风格以其独特的视觉冲击力，能够迅速俘获目光，精准传递产品的核心价值。

借助先进的大模型与Lora技术生成的商业插画图像，为用户提供了极大的便利，使得他们在设计过程中能迅速应对甲方在不同场景下的多样化需求。这种技术的实际应用，极大地提升了设计师服务于

（a）黑衣模特　（b）红衣模特

（c）朦胧感摄影

图7-2　写实摄影照片

图7-2（a）：用到的大模型为AWPortraitWW，提示词为“highres, absurdres, 8k, a european woman, brown curls black shirt, smiling gaze, cow boy shot, see lens, rim light”。画面中的年轻女性微笑着注视镜头，独特的体积光照烘托出强烈的氛围感。

图7-2（b）：用到的大模型为AWPortraitWW，提示词为“highres, 8k, a young woman, European, upper body, in an studio setting, red silk dress, brown hair, edgy, dramatic, fashion, look in the camera”。生成身披丝绸礼服的时尚模特，红色色调在画面中占有支配地位，充满现代感与前卫感。

图7-2（c）：用到的大模型为SDSW1.1，提示词为“highres, absurdres, 8k, clear, looking at the viewer, red hair, fluffy hair, freckles, blush, yellow butterfly, many butterflies, light makeup, morning sunshine, high quality, sun, available light, sitting posture, close up, dreamlike, mixes realistic and fantastical elements, magic effect”。在提示词中加入了柔和光线、光晕等提示词，宛如进入童话梦境，给人一种朦胧复古的感觉。

市场和企业的工作效率，为创意的实现和品牌形象的塑造提供了强有力的支持（图7-3）。

三、艺术字创意设计

日常生活中，我们经常能在各大网络平台上欣赏到各式各样的艺术字制作图像，这些图像看似繁复，其实背后的制作技巧却并不复杂。借助ControlNet插件，我们便能轻松驾驭这一创意过程。

在着手创作艺术字之前，首先，精心准备所需的文字素材。然后，打开Photoshop、Illustrator等专业的图形设计软件，挑选一款心仪的字体。选择

（a）公园锻炼

（b）办公空间

（c）骑车青年

（d）城市场景

图7-3 商业插画设计

图7-3（a）：用到的大模型为基础模型XL _xl_1.0，提示词为“highres, absurdres, I girl and I boy are riding bicycles in the park, both sides of the picture are big trees, in a meadow, flowers, suburb, tall buildings, blue sky”。生成公园场景，适合作为广告插图。

图7-3（b）：用到的大模型为基础模型XL _xl_1.0，提示词为“highres, absurdres, I woman is working, business attire, office space, potted plants, windows, desks, simple background”。生成办公空间场所，简洁有力地传达出主题。

图7-3（c）：用到的大模型为基础模型XL _xl_1.0，提示词为“highres, absurdres, I boy and I girl, a couple on a motorcycle, girl holding boy, driving, no backpack, no bag, illustration, flat illustration, gradient illustration, urban background, city background”。生成青年男女骑车场景，颜色鲜亮明快。

图7-3（d）：用到的大模型为基础模型XL _xl_1.0，提示词为“(best quality), (masterpiece), modern city, buildings, plant, flowers, illustration, flat illustration, warm colors, illustration”。表现城市景观，弧形构图突出主体。

一款典雅的书法字体，旨在为即将到来的二十四节气打造一款别具一格的宣传海报（图7-4）。

然后，上传精心制作的文字素材至ControlNet平台时，务必确保生成的原图尺寸与参考图尺寸严格匹配。激活“启用”与“允许预览”选项，并在“控制类型”中选择“Lineart（线稿）”。此刻，暂不启用“完美像素”模式，将“Resolution”参数调整至1500左右，随后点击“爆炸”按钮进行预览。此时，文字的边缘轮廓被精准提取出来，展现极致的细节（图7-5）。

（a）输入文字

（b）放大文字

图7-4　素材准备

图7-4（a）：打开Photoshop或Illustrator等设计制图软件，新建空白画布并在其中打入用于制作艺术字的文本，为了更好表现二十四节气，这里应用一个书法字体。

图7-4（b）：将文本放大并移动至画面中心，将其导出图片格式化，作为文字素材备用。

图7-5　上传并提取图片

图7-5：Lineart能够从上传图像中提取出精细线稿，当然也可以采用Scribble或Depth等控制类型，能够起到固定字体形态的作用即可。

接着，转至“文生图”界面顶部，输入具有创意的提示词。这些建议词应包括“字体材质”，如粉色水晶、磨砂金属等；以及“场景元素”，如郊野风光、碧绿草原、蜿蜒河流、花朵盛开等；再加入“风格要求”，如字体艺术、奇幻风貌、立体3D效果等。若期望营造出更为强烈的空间感和立体感，不妨添加“景深”这一关键词。最后，不要忘记输入一些通用的品质提升提示词，以完善整体创作。选择大模型“ReVAnimated_v122_V122.safetensors”，同时运用两个3D电商Lora来控制画面风格，以及一个专注于增强花朵质感的Lora，一切准备就绪后，点击“生成”按钮（图7-6）。

最后，生成得到不错的效果图后，开启“高清修复”将其尺寸扩大2倍，同时深化细节。继续尝试其他字体生成艺术字，得到想要的效果（图7-7）。

图7-6　书写提示词

图7-6：Lora对最终生成效果起到的作用比较大，这里用到了风格控制Lora和细节增强Lora，注意权重都不要设置得太高，维持在0.8左右即可。

（a）立春艺术字

（b）谷雨艺术字

图7-7　艺术字生成

图7-7（a）：用到的提示词为“pink frosted glass material, pink crystal, outdoor, grassland, river, water, pink flowers, sky, clouds, fantasy,（font art:1.2）, 3D, 3D scenes, (Masterpiece:1.2)”。生成以粉色为主色调的艺术字效果图，花朵元素的添加与众多材质的表现丰富了画面效果。

图7-7（b）：用到的提示词为“transparent glass, outdoors, spring, green, pink, small stream water, green valley, (sakura1.2), branches, trees,（font art:1.2）impressionism, masterpiece, best quality, (Masterpiece:1.2)”。生成以绿色为主色调的艺术字效果图，透明艺术字很好地体现出节气特征。

第二节　数字媒体设计

数字媒体设计是一种融合创意激情与科技智慧的跨界艺术，它的魅力横跨平面设计、动画创作、影视制作等多个创意领域。在这一领域中，Stable Diffusion AI绘画技术的应用不仅显著提升了数字媒体设计的专业水准，更提高了创作的效率和作品质量。

（c）秋分艺术字

（d）大寒艺术字

图7-7（c）：这里用到的提示词为“orange glass, frosted glass material,（font art:1.2）, outdoor, fallen leaves, butterfly, (Masterpiece:1.2)”。生成以橙黄色为主色调的艺术字效果图，橙色透光玻璃体材质的字体宛如秋日暖阳。

图7-7（d）：用到的提示词为“blue frosted glass material, outdoor, blue crystal, frozen rivers, ice and snow, snowflakes, ice crystal, blue sky,（font art:1.2）, fantasy, 3d, 3d scenes, (Masterpiece:1.2)”。生成以蓝色为主色调的艺术字效果图，带有棱角的字体表现冰块材质，仿佛让人感到彻骨寒意。

一、真人照片转换二次元风格

当真人照片摇身一变，成为独具特色的二次元头像，这不仅是技术的巧妙运用，更是艺术与个性的完美结合。在这一过程中，真人照片的基本特征——如肌肤的色调、面部的轮廓、发丝的颜色被精心保留，同时，二次元的风格与之交织融合，通过风格迁移，定制出独一无二的头像。

将真人照片上传至ControlNet，选择Tile（分块）的“控制类型”，为了完成画风转换，将控制“权重”调整至0.5，以生成充满二次元气息而又不失真人特色的面部轮廓（图7-8、图7-9）。

（a）真人照片

（b）二次元头像

图7-8　卷发人物

图7-8（a）：这里用到的提示词为“highres, absurdres, 8k, 1 girl, brown eyes, brown hair, long hair, curly hair, depth of field, lips, black coat, blurry background, warm background, looking at viewer, solo, upper body”。

图7-8（b）：由于输入了相关提示词，生成图在原图的基础上增加了一些服装上的细节，让图片显得更加精致耐看。

（a）真人照片

（b）二次元头像

图7-9　双马尾人物

图7-9（a）：这里用到的提示词为“1 girl, lavender shirt, grey eyes, twin tails, natural light, upper body”。

图7-9（b）：很好地还原了人物的神态表情与发型衣着，相比原图，二次元生成图的饱和度和明度均有提高，更加清爽。

二、2.5D动漫人像

2.5D画风巧妙地融合了写实与二次元元素，不仅保留了纯粹鲜明的色彩对比，更赋予了画面真实细腻的质感，成为游戏插图设计中的热门选择。要打造这种独特的2.5D视觉盛宴，关键在于选择恰当的大型模型。只需在各大网络平台进行搜索，便可轻松下载到所需的资源。通过输入关键词描述理想中的人物形象和场景设定，便能高效地实现预期效果，搭配Lora技术，可精准塑造个性化的角色特征（图7-10）。

（a）金发女孩生成图

（b）红发女孩生成图

（c）银发女孩生成图

图7-10　2.5D动漫人物

图7-10（a）：这里用到的提示词为“((best quality)), ((Masterpiece)), 1girl, gray hoodie, blue eyes, upper body, portrait, blonde hair, (unilateral bangs), (closed mouth), looking at viewer, solo, detailed background, town, alley, portrait, night, close up”。

图7-10（b）：这里用到的提示词为“(best quality), ((Masterpiece)), (highres), illustration, original, extremely detailed, 1 girl, solo, long hair, red hair, blue eyes, science fiction, lips, suit”。

图7-10（c）：这里用到的提示词为“(best quality), ((Masterpiece)), (highres), illustration, original, extremely detailed, 1 girl, solo, blue eyes, lips, silver hair, side ponytail, gown, business suit, summer uniform”。

三、科幻场景创作

科幻题材的插画，以科幻文学、电影、游戏等作品为背景，运用独特的视觉语言，生动展现科幻世界的奇幻与魅力。这类创作对艺术家提出了高要求，需具备丰富的想象力和卓越的创新能力。常见的科幻主题包含太空探索、未来都市、科幻生物等多个领域。

Stable Diffusion在生成这些超现实元素方面尤为出色，只需输入相关提示词，便能呈现出令人惊叹的视觉效果。在此，采用的大模型为“基础算法_XL”，辅以“时间虫洞-科幻场景SDXL”的Lora，共同打造出科幻视觉盛宴（图7-11）。

（a）橙色宇航服

（b）白色宇航服

图7-11　科幻场景设计

图7-11（a）：提示词为“insanely detailed, masterpiece”。一幅描绘外太空场景的插画，身着橙色宇航服的宇航员登陆星球，背景是璀璨的星空，高对比的颜色搭配给人以视觉上的强烈震撼。

图7-11（b）：提示词为“insanely detailed, masterpiece, abstract 3D design, cinematic lighting, white spacesuit, moon, some white flowers, dark background, universe, planet, debris”。身着白色宇航服宇航员走进花丛，黑白灰无彩色的运用营造出一种肃穆感与宁静感。

（c）未来城市

图7-11（c）：提示词为“future city, high speed train, Shanghai landmark, picture book illustration, futurism, bright colors”。一幅描绘未来城市的插画，列车穿越高楼林立的未来城市，创造出科幻与现实的交融。

四、二维码艺术创意

在当下这个创新时代，传统的二维码设计显得过于单调，缺乏新意。借助Stable Diffusion技术，可以对其进行创新性变革，打破传统束缚，使二维码的形态焕然一新。这种创新的应用，在提升品牌知名度方面展现出显著的效果。通过这项技术可以生成独一无二的二维码，借助个性化的私人订制，实现价值的最大化。

首先，下载一个名为“qrcode”的插件，以便生成具有创新形态的二维码。在扩展选项卡中，找到可下载的扩展列表，搜索“qrcode-toolkit”，并安装该插件。安装完成后，点击应用更改并重启，即可开始使用（图7-12）。

然后，安装两个需要用到的ControlNet模型，在互联网搜索“qrcode_monster”和“brightness”，下载后将其放入根目录下的models\ControlNet（图7-13）。

找到一个二维码解码平台，上传用于制作特效的二维码素材，将二维码转换成网址的形式，复制下来（图7-14）。

接着，重返Stable Diffusion，进入QR Toolkit界面。在这里，将二维码的网址粘贴到位。启动内置参数功能，对二维码形态进行细致调整。在Error Correction选项中，会发现有L/M/Q/H四个层级，它们分别代表不同的复杂度。为了使二维码能够更自然地融入图片中，选择最简单的L层级。此外，在Mask Pattern的选择上，倾向于分布均匀的图案，并且赋予其180° 的旋转。

为了让二维码的边缘从锋利的方块转变为柔和的圆形，可以精心调整，使其与图片的融合度达到最佳状态。将“Pixel Size”的分辨率提升至最高档

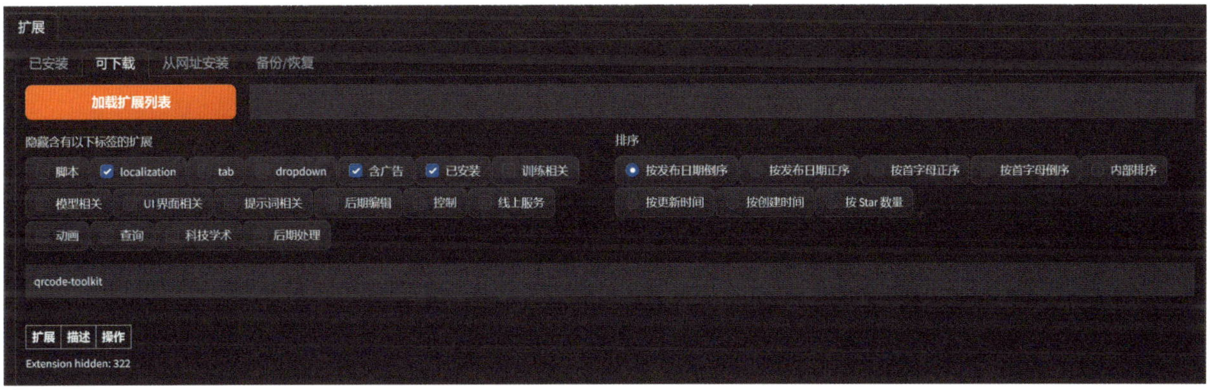

图7-12　安装qrcode插件

图7-12：qrcode用于改变二维码的形态，使其更好地融入生成内容。

图7-13　下载qrcode_monster和brightness模型

图7-13：qrcode_monster和brightness不是整合包自带模型，需要额外下载。

图7-14 二维码转网址

图7-14：之前需要先获取二维码网址，这里使用互联网中任意一款在线的二维码生成器将手机中的二维码截图转换成网址的形式。

次，同时将“Scale”值调为1.05，以期达到完美的视觉效果（图7-15）。

将制作好的二维码图像上传到ControlNet，启用两个ControlNet单元，控制类型均不选择。“单元0”的模型选择control_v1p_sd15_qrcode_monster，控制权重调整到1.1，确保生成出来的二维码能够被扫描识别；“单元1”的模型选择control_v1p_sd15_brightness，该模型的主要功能是增强

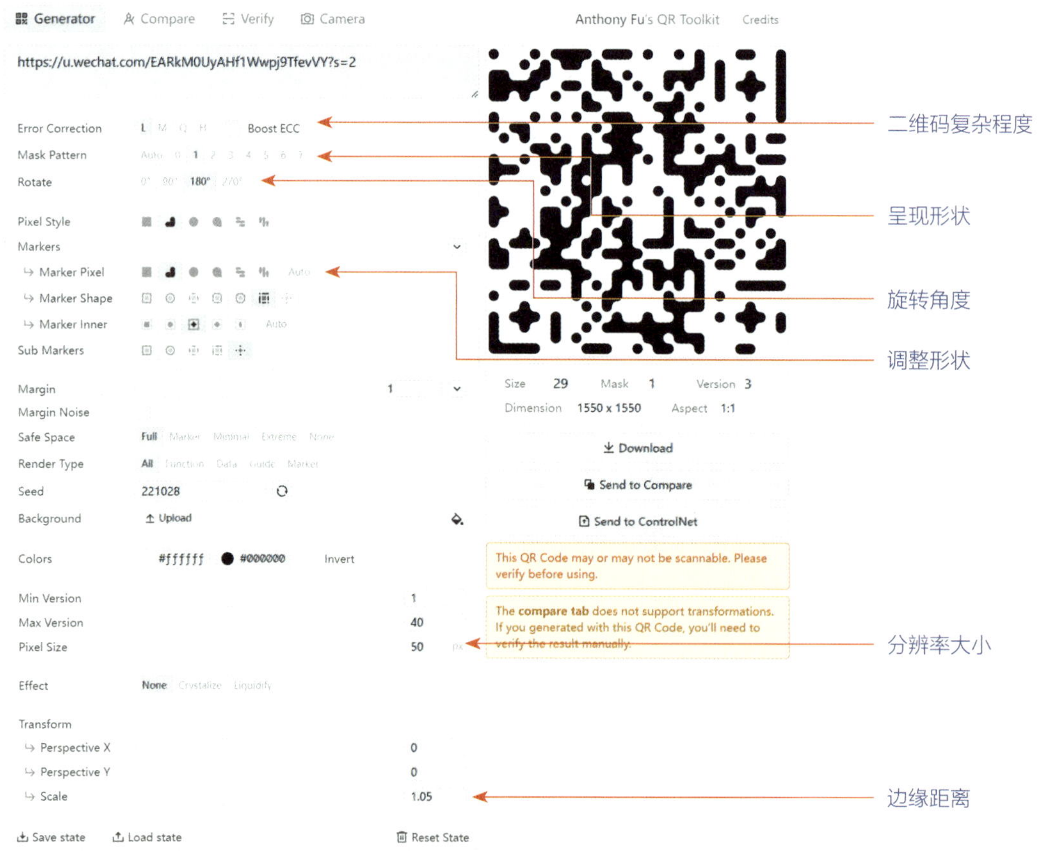

图7-15 QR Toolkit界面设置

图7-15：使用QR Toolkit的根本目的是获取更为简洁的二维码形态，让其与生成图像的融合不那么生硬。

图像的明暗对比，进一步增加二维码识别度，“控制权重”调整为0.3，“引导介入时机”改为0.65，“引导终止时机”改为0.9。

最后，回到“文生图”界面上方输入提示词，点击“生成”按钮（图7-16、图7-17）。

（a）房屋远景　（b）房屋近景

图7-16　房屋插画融合二维码

图7-16（a）：生成素材为微信二维码，提示词为“a house, flowers, blue sky and white clouds, highres, absurdres”。

图7-16（b）：通过房屋墙壁上的裸砖与前景处的花圃隐约可见二维码形态，二者的融合十分巧妙。

（a）俯视全身　（b）平视大半身

图7-17　人物插画融合二维码

图7-17（a）：提示词为“highres, absurdres, 1girl, portrait, indoor, dress, long hair, solo, window”。

图7-17（b）：人物的裙摆位置变化出许多花纹斑块，背景物品的组合在无意识中构成能够被识别的二维码。

第三节 服装设计

Stable Diffusion搭载了强大的数据库，凭借多样化的宏大模型与细腻的lora技术，设计师得以将时尚潮流、流行元素巧妙融入设计之中。这不仅为设计师注入了源源不断的设计灵感，更助力他们突破传统设计框架，拓宽创意边界，精准捕捉消费者的偏好、体型和场合需求，量身打造独一无二的个性服装。这一创新手段不仅迎合了消费者日益多元的需求，更极大提升了购物的整体体验。

一、服装模特试穿图

在时尚产业的创新浪潮中，Stable Diffusion的应用无疑为设计师带来了便利，极大地提升了创作的效率与便捷性。通过引入大量真人照片进行深度训练，能够实现从人台图到模特上衣图的自动转换，这一过程既高效又精准。在此过程中，利用先进的计算机视觉技术对人台图进行细致分析，准确提取关键特征，并结合模特的体型、姿态等要素，打造出栩栩如生的模特试穿效果图。

首先，准备一张高精度的单人台素材图片。将图片上传至Segment Anything平台，激活GroundingDINO输入检测功能，使用关键词“clothes”进行精确识别。抠取得到的黑白蒙版，随后发送至图生图功能进行上传，利用重绘功能对蒙版进行精准重绘（图7-18）。

然后，上传并重绘蒙版的界面。在此环节，输入提示词“1 girl”，将“蒙版边缘模糊度”调至6，选取“重绘非蒙版内容”作为“蒙版模式”，并将“蒙版区域内容处理”设置为“填充”，同时将“重绘幅度”滑动至1，以确保图像处理的效果更加精细

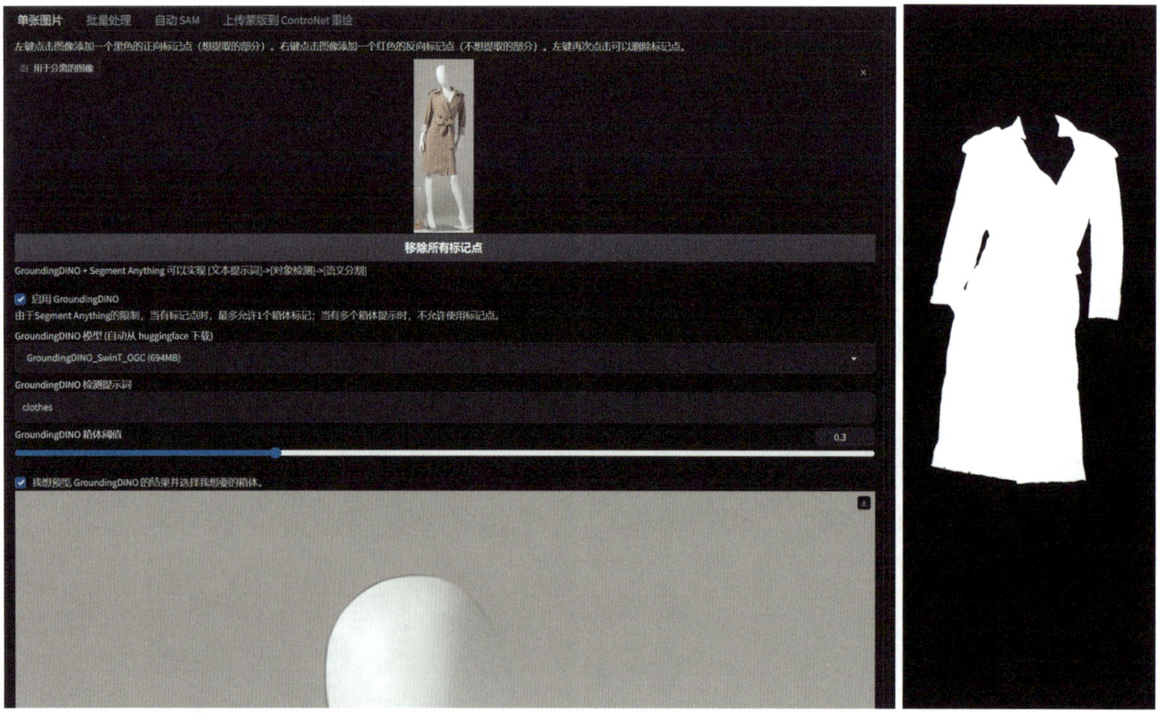

（a）Segment Anything参数设置　　（b）黑白蒙版

图7-18 生成黑白蒙版

图7-18（a）：手动抠图耗时较长，应用Segment Anything插件自动提取服装造型，省时省力。

图7-18（b）：精准提取服装区域并转换为黑白蒙版，将其发送到图生图上传重绘蒙版开始下一步操作。

（图7-19）。

接着，启动“面部修复”功能，转向ControlNet面板，在此，激活两个ControlNet单元。分别在这两个单元的窗口中上传人台图素材为“单元0”，选择“openpose”作为控制类型，并指定“openpose_hand”作为预处理器，精准提取人物的姿势（图7-20）。

最后，为“单元1”设定“Depth”作为控制类

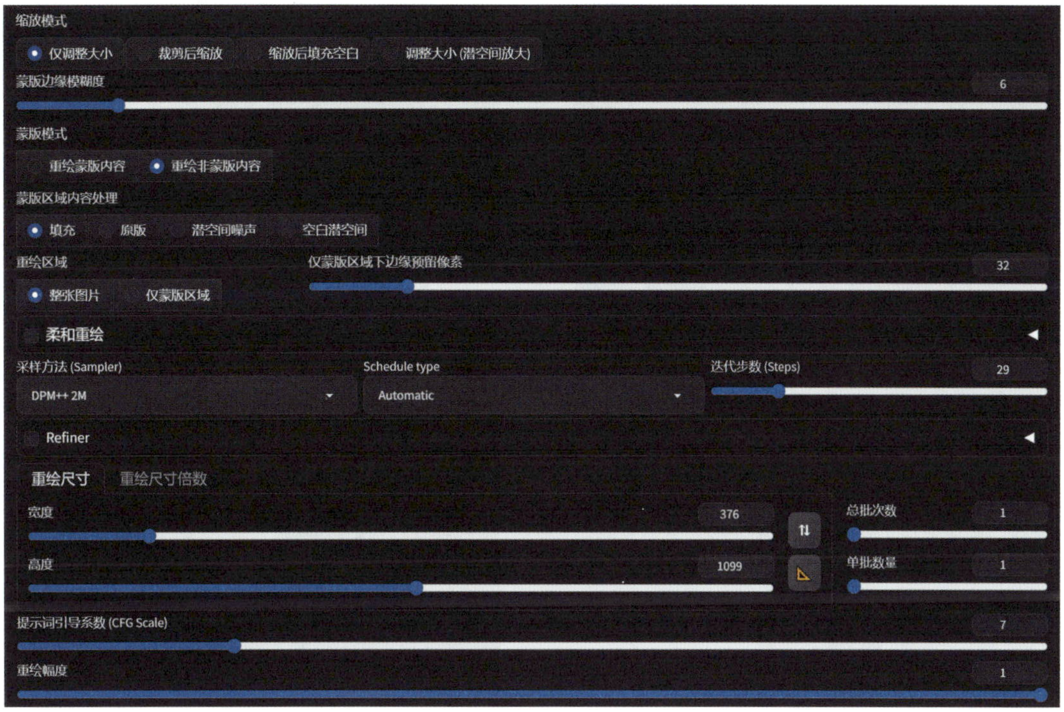

图7-19　上传重绘蒙版界面界面参数

图7-19：选择重绘非蒙版内容，保留服装款式，模特重新生成。

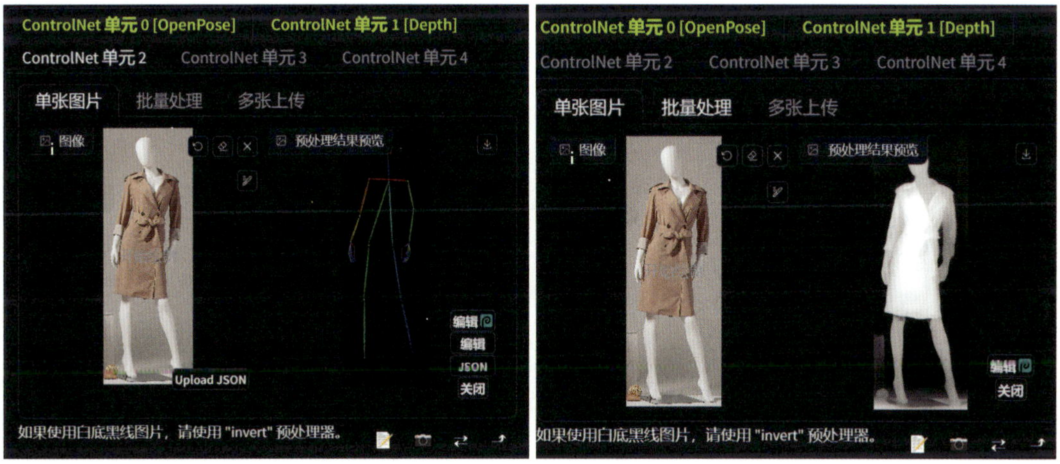

（a）启用openpose　　（b）启用Depth

图7-20　ControlNet界面参数

图7-20（a）：openpose提取出的人物姿态偶尔会出现不准确的情况，这时点击编辑，对骨骼图稍作调整即可。

图7-20（b）：Depth权重保持在0.2～0.3，不宜太高，作为openpose的补充完善人物的肢体形态。

型，并选择“depth_zoe”作为预处理器。将“权重”调整为0.2，随后点击“生成”按钮，静待图像生成效果（图7-21）。

（a）卡其色风衣

（b）优雅短裙

图7-21 人台图生成模特试穿图

图7-21（a）：生成模试穿卡其色风衣，效果非常真实。

图7-21（b）：生成人物全身图时，很容易出现手脚扭曲的情况，生成之后将图像发送到图生图局部重绘重新生成损坏部位，并启用修手Lora修正人物的手脚部位。

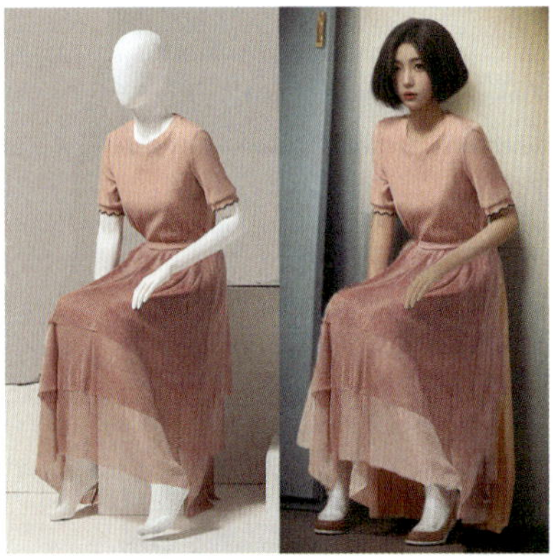

（c）粉色连衣裙

图7-21（c）：生成模特试穿粉色连衣裙，实现理想试穿效果。

二、鞋子款型设计

随着消费者个性化需求的日益升级，Stable Diffusion在鞋履设计领域的应用备受瞩目。设计师依托先进技术，深入洞察消费者的独特喜好，精心挑选各式图案、材质与颜色，从而打造出真正意义上的个性化定制鞋履。Stable Diffusion不仅为鞋履设计注入了无限活力，更赋予了设计师无限的创意空间。可以跨越界线，与艺术家、科技企业等进行跨界融合，共同创作出既富有创意又蕴含科技美学的鞋履杰作（图7-22）。

（a）黑色运动鞋

（b）红色高跟鞋

（c）白色球鞋

图7-22 鞋子设计

图7-22（a）：使用大模型juggernautXL_v9，提示词为“masterpiece, 8K, shoes, tennis ball, sneakers, no humans, grassland, flowers, racket, black footwear”。

图7-22（b）：提示词为“masterpiece, 8K, women’s shoes, shots, no humans, still life, flowers, red shoes”。

图7-22（c）：提示词为“masterpiece, 8K, shoes, tennis ball, sneakers, no humans, still life, ball, green background, racket, white footwear”。

三、箱包造型设计

Stable Diffusion为时尚产业掀起了一场前所未有的革命浪潮。这项技术以其卓越的创意生成能力，不仅能够从无到有地创造出超高质的箱包造型，更能巧妙地将创意图案、纹理、色彩等多种设计元素融入箱包设计中，打造出独具个性的时尚佳作。这一过程极大地丰富了设计师的创意选择，同时节省了大量的人力、物力，显著降低了设计成本，为时尚产业的创新与发展注入了新的活力（图7-23）。

第四节　环境空间设计

在传统环境空间设计领域，设计师在绘制平面图、软件建模以及出图渲染等环节，常常需要投入大量时间和精力，效率相对较低。Stable Diffusion能在短时间内高效生成高品质的建筑效果图，为设计师在设计过程中的种种难题提供了一种快速、便捷的解决之道。这不仅极大地提升了设计效率，也为建筑设计的创新与优化带来了新的可能性。

一、线稿快速着色

借助ControlNet能够通过简单的手绘草稿，一键转换成逼真度堪比现实照片的效果图，这一创新方案极大提升了设计师的工作效率。以下是具体操作步骤，以实现高效的成果预览。

首先，准备一张建筑设计草图（见图7-24），其

（a）暗黄色帆布包

（b）红色帆布包

（c）绿色帆布包

（d）明黄色帆布包

图7-23　箱包设计

图7-23（a）：使用大模型juggernautXL_v9，Lora为帆布包电商图，提示词为“e-commerce product image, empty background, yellow canvas bag”。

图7-23（b）：提示词为“e-commerce product image, empty background, red canvas bag, next to books, and some flowers”。

图7-23（c）：提示词为“e-commerce product image, empty background, green canvas bag, next to a book, and some flowers, sunflower”。

图7-23（d）：提示词为“e-commerce product image, empty background, yellow canvas bag, next to some plants”。

（a）草图素材

图7-24　绘制建筑草图并上传

图7-24（a）：上传ControlNet的手绘建筑草图，线条概括性、抽象性较强。

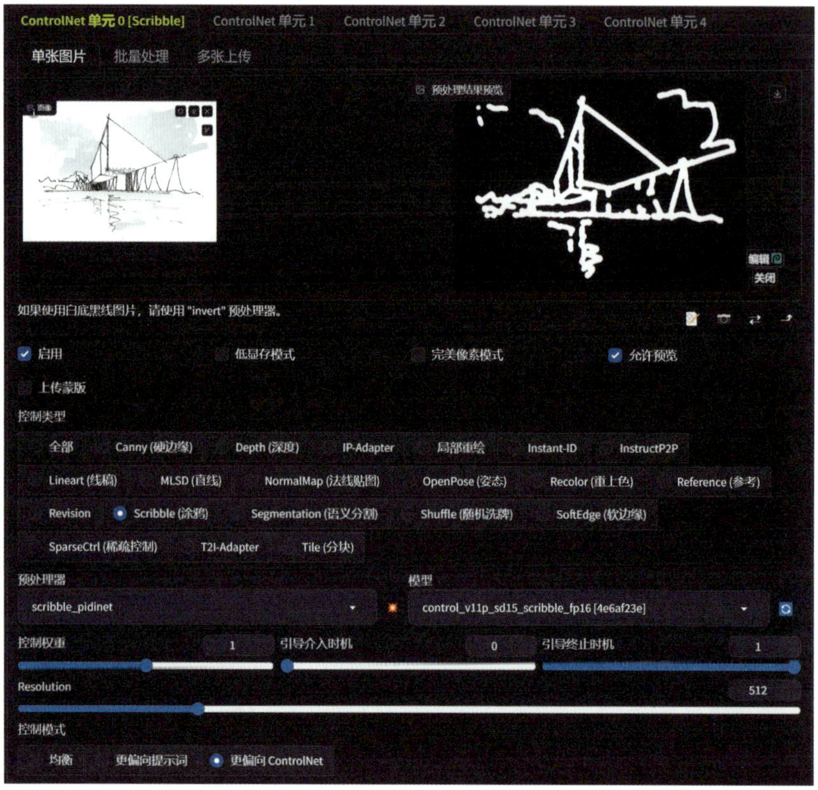

（b）参数预览

图7-24（b）：对于表现上比较潦草的建筑草图，控制类型选择Scribble会更好，这样在生图过程中就只会识别建筑的大致形态，并自动对图中的细节进行补充。

细节无需过分精细，只需清晰地勾勒出建筑的基本轮廓即可。将此草图上传至ControlNet平台，在“控制类型”选项中选择“Scribble（涂鸦）”，维持其他参数为默认设置。点击“启用”后，根据图片内容精准填写相关提示词，随后点击“生成”按钮，即可生成效果图（图7-25）。

（a）树木效果图

（b）楼房效果图

图7-25　水面与建筑出图效果

图7-25（a）：两张效果图使用的提示词为“buildings on the water, exhibition hall, modern architecture, sky, the glass curtain wall extends to both ends of the picture”。

图7-25（b）：在原图的基础上对建筑的结构与环境细节进行了补充，水面波纹与玻璃幕墙的质感十分真实。

然后，制作一张更为详尽的手绘线稿（图7-26），并上传至ControlNet。在此，选择“Lineart（线稿）”作为“控制类型”，并在“预处理器”选项中选取“lineart_standard (from white bg & black line)”以优化图像处理效果。将“控制权重”调整至0.5，保持其他参数默认。点击“启

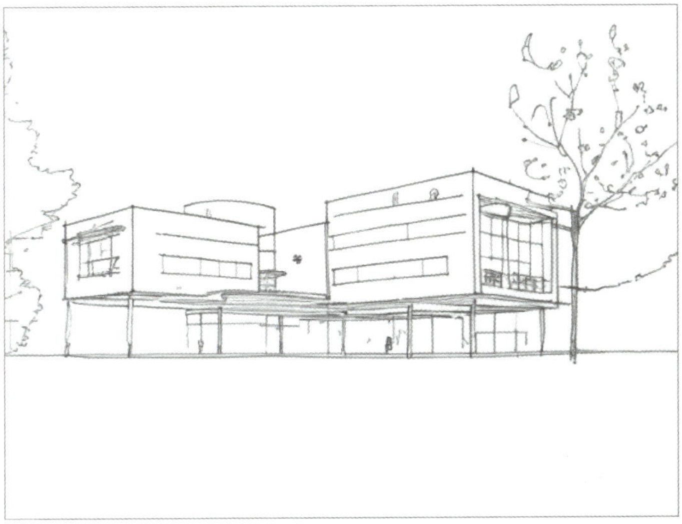

（a）线稿素材

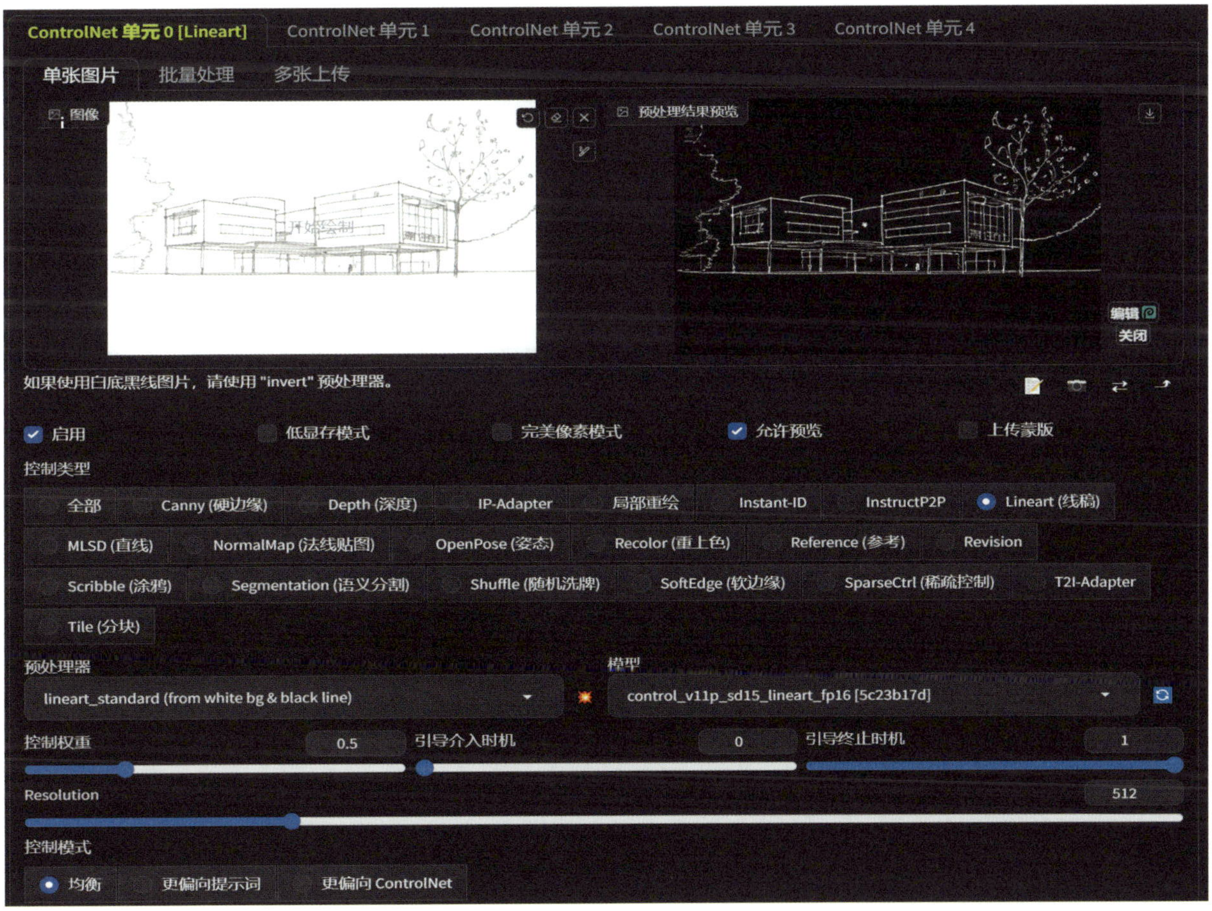

（b）参数预览

图7-26　绘制建筑线稿并上传

图7-26（a）：上传ControlNet的手绘建筑线稿。

图7-26（b）：对于绘制比较精细的建筑线稿，控制类型选择“Lineart（线稿）”或“Canny（硬边缘）”会更好，“控制权重”调为0.5是为了防止线稿对画风产生干扰，权重如果太高则无法生成现实中立体的建筑外观。

用”后，针对图片内容填写适当的提示词。最后，点击“生成”按钮，即可轻松获得一幅细腻且富有层次的效果图（图7-27）。

二、室内实景空间设计

室内空间毛坯房的精装修设计，能让客户在第一时间直观预览到装修后的家居效果，进而依据其个性化需求，高效推进后续设计工作。

首先，实地拍摄一张毛坯房的实景照片，并将其上传至ControlNet系统。在“控制类型”选项中选择“Segmentation”，并在“预处理器”中选取“seg_ofade20k”。点击“爆炸”按钮。空间内的各个区域被智能识别并转换成独特的色块。随后，点击处理图的右上角“下载”按钮，轻松将语义分割图下载至本地计算机（图7-28）。

然后，根据设计理念及客户需求，精心挑选家具图片进行下载。这里以一张盆景、一张沙发以及一张

（a）无人教学楼　　（b）多人教学楼

图7-27　道路与建筑出图效果

图7-27（a）：使用的提示词为“teaching building，double deck building, modern architecture, no human, trees, landscape, city, sky”。图7-27（b）：使用的提示词为“teaching building，double deck building, modern architecture, many humans，trees, landscape, city, sky”。

图7-28　毛坯房生成语义分割图

图7-28：将毛坯房照片上传ControlNet参考图窗口，生成语义分割图。

图7-29　选择图片

图7-29：在网络上找到想要的家具展示图片，家具的形态要完整地体现在图片中。

图7-30　家具图片生成语义分割图

图7-30：利用Segmentation将家具展示图片处理成语义分割图，下载保存到本地。

茶几的效果图为例。同样将这些图片上传至ControlNet，选择“Segmentation”作为“控制类型”，生成相应的语义分割图并下载（图7-29、图7-30）。

接着，将这些分割图导入Photoshop等设计制图软件。利用“魔棒”工具，精确抠出所需的家具色块，并将它们置于不同的图层之中。在Segmentation的世界里，每一件物品都有其独特的色彩标识。例如，沙发以蓝色色块呈现，抱枕则用黄色表示。若需添加特定物品，也可通过手绘，勾勒出所需物品的形状（图7-31）。

图7-31　抠出家具形状

图7-31：使用制图软件将想要的家具形态从语义分割图中抠出，放入空白图层。

将所有色块抠图整合至一个文件中，调整每件物品的大小及空间位置，直至完美融合，构成一张完整的室内效果图。完成图片导出后，再次将其上传至ControlNet。此时，“控制类型”仍选择“Segmentation（语义分割）”，但“预处理器”改为“none”，意味着不对上传的图片进行额外的预处理。将控制权重设置为0.85，并在界面上方输入描述室内空间设计风格与物品特征的提示词，为整个设计作品注入灵魂（图7-32）。

（a）合成图片

图7-32　合成图上传ControlNet

图7-32（a）：使用制图软件将想要的家具形态从语义分割图中抠出，放入空白图层，调整形状。

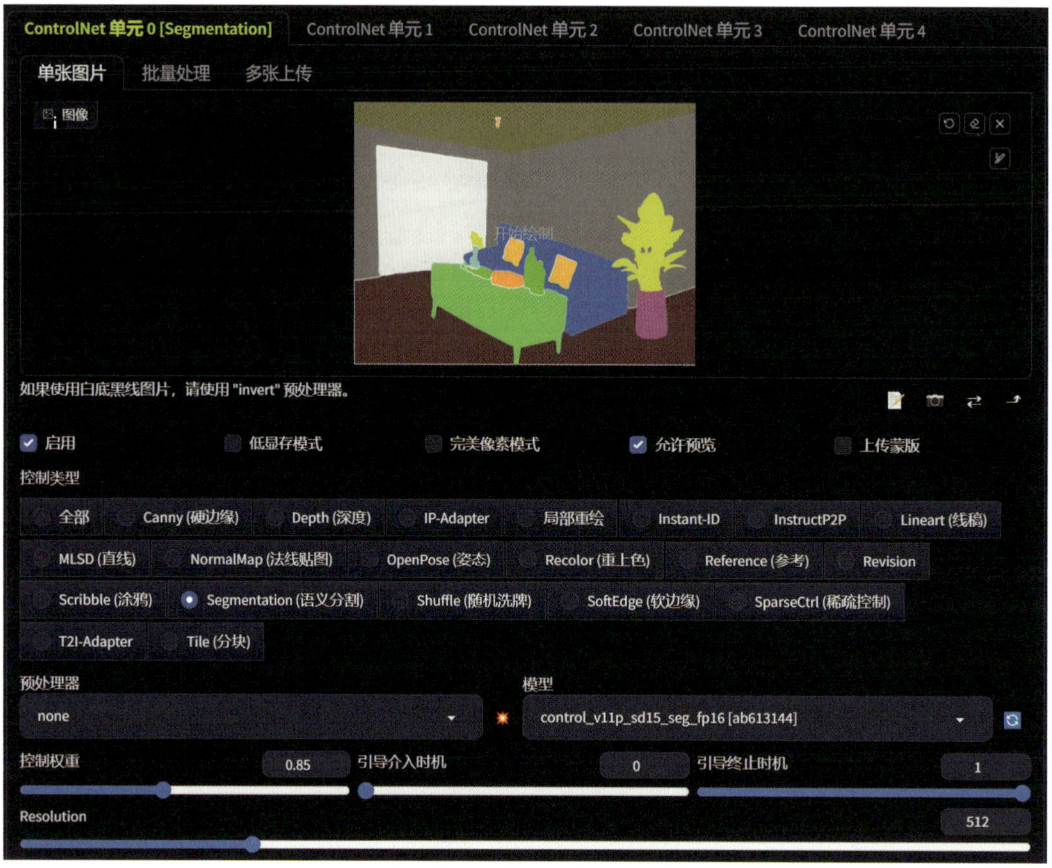

（b）上传ControlNet

图7-32（b）：合成图再次上传ControlNet，不经过预处理直接生图。

最后，将生成图像调整到合适尺寸，点击“生成”按钮，得到两张室内设计效果图（图7-33）。

（a）精装修效果图1

三、园林景观设计

经验丰富的设计师精心打磨一张标准设计效果图，其图像处理过程大约耗时1小时。然而，在面临体量庞大的项目时，必须借助三维建模软件，对场地进行精细入微的还原工作，设计周期相应延长3～5天，甚至更久。在这种背景下，运用Stable Diffusion生成图像无疑是一种明智之选。无论是从文字描述中生成图像，还是对现有景观效果进行优化与创新，无论是主题公园的梦幻渲染，还是小区住宅的温馨描绘，Stable Diffusion都能游刃有余地完成。这一系列技术的巧妙运用，不仅极大提升了设计效率，更为景观改造领域开辟了无限可能性（图7-34）。

第五节　工业产品造型设计

工业设计是指在产品开发过程中，通过对产品外观、结构、功能等方面的综合考量，使产品更具人性化、美观性和实用性的设计活动。Stable Diffusion应用于工业设计，不仅能够根据设计师的需求快速生成大量创意素材，应用于产品外观设计、包装设计、广告设计等多个领域。还可以用于产品模拟与展示，帮助设计师更好地预测产品的实际效果。通过计算机生成的虚拟图像，设计师可以直观地了解产品在不同环境、角度下的视觉效果，为改进产品提供依据。

（b）精装修效果图2

图7-33　生成室内实景效果

图7-33（a）：提示词为"living room, highres, absurdres, wallpaper"。茶几呈较封闭的状态，沙发背后的墙面为成品装饰墙板，整体为简约风格。

图7-33（b）：相同的提示词与Lora，茶几呈较开放的状态，沙发背后的墙面为成品壁纸，整体虽然为简约风格，但是细节与精装修效果图1有所不同。

（a）园林景观特写

（b）阴天出图效果

（c）晴天出图效果

图7-34　园林景观设计

图7-34（a）：提示词为"garden lights, spherical light fixtures, plant bed, evening, landscape design, path lighting, decorative lighting, urban garden, soft focus background, bokeh lights, greenery, twilight, modern design, LED lighting"。大模型为基础算法_v3，Lora为wawa-景观_v0.5。

图7-34（b）：提示词为"garden, street lamp lighting, day, flower, plant, garden landscape, landscape design, city garden, soft focus background"。

图7-34（c）：提示词为"garden, monstera tree, outdoors, day, forest, plant, road, sunlight, garden landscape, landscape design, city garden, soft focus background"。

一、日用家电造型设计

工业设计是在产品开发过程中艺术与科学的结合，它通过对产品外观、结构、功能等多维度的综合考量，致力于打造人性化、美观又实用的设计作品。在这一领域，Stable Diffusion技术的应用开辟了新的天地。它不仅能够根据设计师的创意需求，迅速生成海量的创意素材，广泛应用于产品外观设计、包装设计、广告设计等多个层面，还能助力产品模拟与展示，让设计师能够更加精准地预测产品的实际效果，为产品的优化和改进提供了坚实的视觉基础（图7-35）。

（a）电饭煲生成图

（b）搅拌机生成图

（c）洗衣机生成图

图7-35　日用家电

图7-35（a）：提示词为“a rice cooker is placed on the kitchen table”。使用大模型majicMIX realistic 麦橘写实_v7，Lora为产品电商场景-小家电。

图7-35（b）：提示词为“a blender on the coffee table, next to the fruit”。

图7-35（c）：提示词为“washing machine embedded in wardrobe, balcony, transparent curtain, available light, cabinet, ceiling window, 3D, C4D, 8k, masterpiece, top quality, transparent glass texture, studio lighting”。使用大模型majicMIX realistic 麦橘写实_v7，Lora为电商大家电场景。

二、交通工具设计

通过精妙的关键词输入与智能模型选择，一键生成引人瞩目的汽车宣传广告。仅需提供汽车产品的外观信息，系统便能自动匹配适宜的场景与光照效果，巧妙地彰显出汽车品牌的高端大气与独特魅力（图7-36）。

（a）高山场景

（b）森林场景

（c）公路场景

图7-36　交通工具

图7-36（a）：提示词为“a moving car, (white car:1.5), human viewpoint, ray tracing, best quality, masterpiece, mountain, blue sky”。

图7-36（b）：提示词为“a moving car, (white car:1.5), human viewpoint, ray tracing, best quality, masterpiece, woods, road in the woods, blue sky”。

图7-36（c）：提示词为“a moving car, (white car:1.5), road, human viewpoint, ray tracing, best quality, masterpiece”。

三、装饰工艺品创意设计

在众多网络平台上，早已涌现出专门用于创作玉石工艺品的先进模型与Lora。这些工具能依据设计师的个人喜好、特定需求及市场潮流，迅速打造出创意无限、独具匠心的作品，为玉石工艺品设计提供了源源不断的灵感素材。借助Stable Diffusion技术，设计师可根据输入的关键词、风格、主题等要素，精确生成理想的展示效果，甚至能直接将设计手稿转化为触手可及的实物。

例如，只需将一张玉坠设计线稿上传至ControlNet，选择“控制类型”为“Lineart（线稿）”，“预处理器”设置为“lineart_standard（from white bg & black line）”，并将“控制权重”调整至0.8。随后，在界面上方输入相应的提示词，轻点“生成”按钮，即可完成创意设计（图7-37～图7-39）。

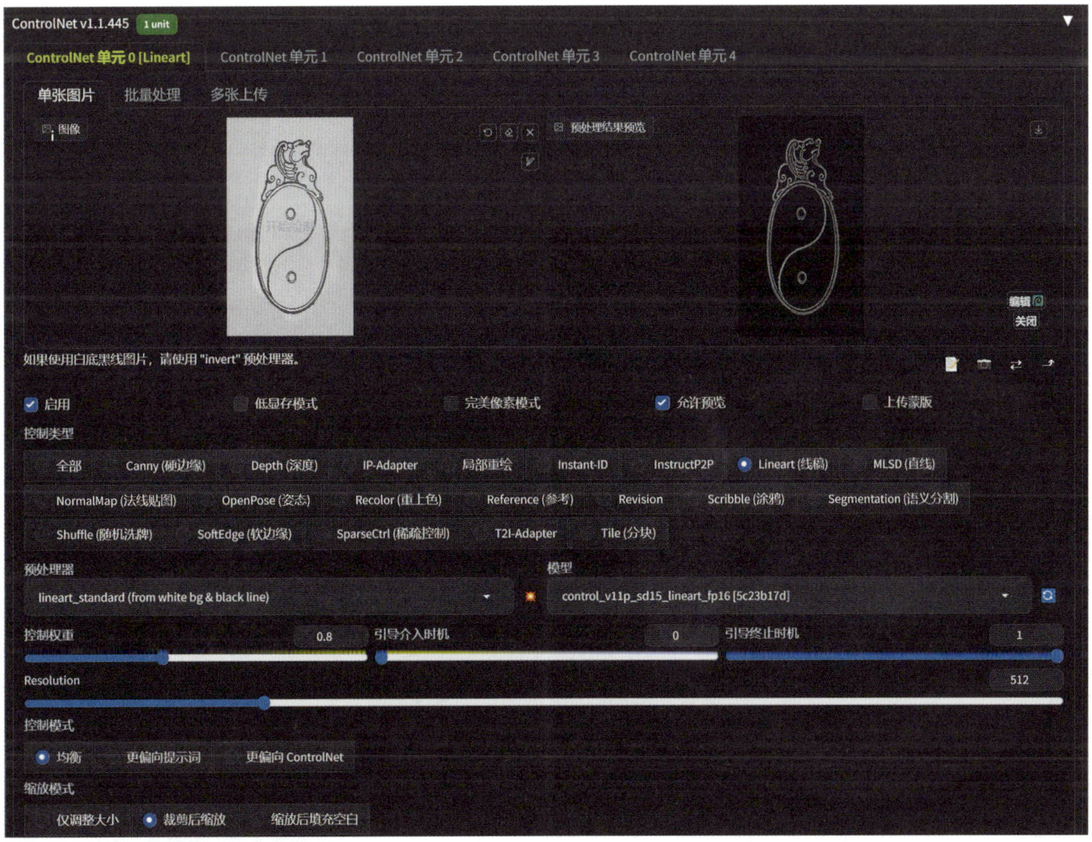

图7-37　绘制玉坠设计线稿并上传

图7-37：使用Lineart，精准提取出玉坠设计手稿中的线条。

（a）设计手稿　　（b）白底背景　　（c）绿色背景

图7-38　手稿转实物

图7-38（a）：设计手稿中的线条轮廓尽量清晰，便于识别。

图7-38（b）：提示词为“close up, an abstract jade decoration, the material is jade, jade, green jade, white simple background”。Lora为玉石工艺雕刻。

图7-38（c）：提示词为“close up, jade decoration, the material is jade, green simple background”。

（a）玉石吊坠　　（b）蝉形玉雕

（c）人形玉雕

图7-39　玉石工艺品

图7-39（a）：提示词为“masterpiece, best quality, caiyu, jade material, white jade, jade carving, jade pendant, no humans, red background, simple background, bottle, still life，Lora为彩玉caiyu”。

图7-39（b）：提示词为“masterpiece, caiyu, jade material, orange, jade carving, cicada, black background, chain，no humans, simple background, grey background, still life”。

图7-39（c）：提示词为“masterpiece, caiyu, jade material, jade carving, no humans, simple background, grey background, still life”。

本章小结：

Stable Diffusion以其卓越的创新力和艺术魅力，不仅为设计领域注入源源不断的灵感之泉，更赋予了观众前所未有的视觉盛宴。此外，它还精通线稿出图、自动渲染、特效制作等实用技能，将设计工作推向新的高度。本章深入剖析Stable Diffusion的设计精髓，探讨了这项技术如何引领各行业的变革与进步。同时，还精选众多杰出生成案例，详细解读操作流程，旨在助力读者借助Stable Diffusion技术开启创作之门，实现创意与财富的共赢。

●课后练习

1. 如何巧妙运用真人照片，轻松打造专属二次元头像?
2. 探索将毛坯房照片转化为精美装修效果图的神奇技巧。
3. 学会利用人台图照片，巧妙生成逼真服装模特试衣效果。
4. 掌握利用线稿创作精美工艺品实物效果图的高效方法。
5. 自行挑选主题，精心制作2～3幅特效艺术字，展现独特创意。
6. 运用创意插件，巧妙制作3～5幅特效二维码，增添趣味性与实用性。
7. 借助ControlNet技术，实现建筑线稿自动着色，绘制3～5例当地名古建筑配色方案。

REFERENCES

参考文献

[1] 龙飞. Stable Diffusion AI绘画教程[M]. 北京：化学工业出版社. 2024.

[2] 许建锋. AI绘画：Stable Diffusion从入门到精通[M]. 北京：清华大学出版社. 2023.

[3] 楚天. Stable Diffusion AI绘画从提示词到模型出图[M]. 北京：清华大学出版社. 2024.

[4] 韩泽耀、袁兰、郑妙韵. AIGC从入门到实战：ChatGPT+Midjourney+Stable Diffusion+行业应用[M]. 北京：人民邮电出版社. 2023.

[5] 孟德轩. Stable Diffusion AIGC绘画实训教程[M]. 北京：人民邮电出版社. 2023.

[6] 雷波. Stable Diffusion人工智能AI绘画教程：从娱乐到商用[M]. 北京：化学工业出版社. 2024.

[7] 魏文勇. 室内设计新方式：AI创造理想家 Stable Diffusion AI绘画教程[M]. 石家庄：河北科学技术出版社. 2024.

[8] 余飞. 零基础做画师：AI绘画入门教程[M]. 石家庄：河北科学技术出版社. 2024.

[9] Paper朱. AI绘画教程 Stable Diffusion技巧与应用[M]. 北京：人民邮电出版社. 2023.

[10] 谷哥. 人工智能AI绘画从入门到精通：文案+绘画+摄影+电商广告制作[M]. 北京：化学工业出版社. 2023.